하루 한 장
만능 이유식
데일리북

하루 한 장
만능 이유식 데일리북

초판 1쇄 인쇄 2025년 10월 29일
초판 1쇄 발행 2025년 11월 19일

지은이 김봉경
펴낸이 이범상
펴낸곳 (주)비전비엔피 · 이덴슬리벨

책임편집 김승희
기획편집 차재호 김혜경 한윤지 박성아
디자인 김혜림 이민선 인주영
사진 여름하 스튜디오 박영하 | **푸드 스타일링** 101 recipe 권민경, 어시스트 안세희
마케팅 이성호 이병준 문세희 이유빈
전자책 김희정 안상희 김낙기
관리 이다정
인쇄 새한문화사

주소 우) 04034 서울특별시 마포구 잔다리로 7길 12 (서교동)
전화 02) 338-2411 | **팩스** 02) 338-2413
홈페이지 www.visionbp.co.kr
인스타그램 www.instagram.com/visionbnp
이메일 visioncorea@naver.com
원고투고 editor@visionbp.co.kr

등록번호 제2009-000096호

ISBN 979-11-91937-66-4 (13590)

천연 재료로 아이 입맛에 딱 맞춘

하루 한 장 만능 이유식 데일리북

김봉경 지음

이덴슬리벨

"천연 재료로 만든 만능 베이스 하나면
이유식 준비 끝이에요!"

저는 제 아이에게 처음으로 이유식을 만들어 주던 날이 아직도 잊히지 않습니다. 정성스럽게 만들어 호호 불어가며 아이 입에 이유식을 처음으로 넣어 주던 그 순간이 지금도 생생하게 기억납니다. 모든 엄마들이 다 같은 마음일 거예요. 아이에게 좋은 걸 주고 싶은 간절한 마음 말이에요.

수많은 요리를 만들고 강의까지 해 왔지만, 막상 제 아이의 첫 이유식을 준비할 때는 두려움 반, 설렘 반으로 가슴이 두근거렸어요. 저희는 요리를 업으로 하는 엄마, 아빠이기에 아이의 이유식만큼은 정말 완벽하게 만들어 주고 싶었어요. 이유식 관련 책과 많은 자료를 찾아보면서 내 아이에게 최고의 이유식을 만들어 주려고 노력했어요. 하지만 이유식을 요리하는 시간이 길어질수록 엄마인 제가 엄청난 스트레스를 받더라고요. 책을 보면서 몇 시간을 들여 정성껏 만들었는데 막상 아이가 한 입도 먹지 않으니 힘이 쭉 빠졌던 기억이 생생합니다. 그때 깨달았어요. "이유식을 만드는 건 정답이 없구나!"라고요. 책을 보고 다양한 정보를 참고해 이유식을 만들어도 막상 내 아이가 잘 먹는 것과 전혀 안 먹는 것은 큰 차이가 있더라고요. 결국 정보는 길잡이일 뿐, 내 아이에게 맞는 이유식을 찾아가는 것이 중요하다는 걸 깨달았습니다.

그렇게 딸아이에게 맞춰 다시 이유식을 시작했어요. 제 아이는 특히 냄새에 예민했고, 재료 입자가 조금만 굵어져도 이유식을 거부하곤 했어요. 어떻게 만들어야 잘 먹을까? 그때는 늘 그 고민에 빠져 지냈어요. 그래서 아이가 이유식 하는 기간이 정말 힘들었지만 그 덕분에 아이들이 잘 먹는 이유식을 만드는 노하우를 많이 쌓을 수 있었어요. 그 경험을 토대로 기존 이유식 책에는 없는, 나만의 이유식 노하우를 엄마들에게 강의를 통해 알려드릴 수 있었습니다.

6년 넘게 여러 보건소에서 이유식 강의를 진행하면서 아기 키우는 엄마들을 많이 만날 수 있었어요. 엄마들의 고민은 다 똑같았어요. "이유식을 열심히 만드는데 아이가 잘 안 먹어서 속상해요. 처음에는 잘 먹었는데 왜 갑자기 안 먹을까요?" 제가 가장 많이 받은 질문입니다. 아기띠에 아기를 안고 이유식 강의를 들으러 왔던 수많은 엄마들 모습이 눈에 선합니다. 아기와 함께 듣는 수업이기에 다소 소란스러웠지만 엄마들의 눈빛만큼은 누구보다 진지하고 반짝였어요. 내 아이가 먹는 이유식만큼은 꼭 정성껏 직접 해 주고 싶은 마음이 그대로 전해졌습니다.

아기가 먹는 이유식이 중요한 이유는 그것이 곧 아기의 성장과 식습관으로 연결되기 때문이에요. 저는 아이를 위해 다양한 채소를 많이 넣어서 이유식을 만들었어요. 향이 있는 채소부터 약간 쓴맛이 나는 채소, 단맛이 있는 채소를 이유식에 넣어 다양한 맛을 느끼게 했어요. 쓴맛이 있는 채소를 넣을 때는 단맛이 있는 과일을 추가해 먹이기도 했어요. 그때까지만 해도 다양한 재료를 접하게 하면 훗날 편식을 예방할 수 있다는 말이 피부에 와닿지는 않았어요. 그런데 이제 9살이 된 딸을 보면 이유식 때 다양한 식재료를 경험하게 한 것이 정말 잘한 선택이었다는 생각이 들 때가 많아요. 다른 친구들은 브로콜리, 김치, 쓴맛이 나는 나물은 잘 먹지 않는다고 하는데, 저희 딸은 생소한 식재료라고 할지라도 "안 먹을래!"가 아니라 조금 맛을 보고 괜찮으면 "먹을래!" 하고 말합니다. 식재료에 대한 거부감이 없어요. 그 모습을 볼 때마다 이유식이 중요하다는 생각을 합니다.

한번은 이유식 강의 때 한 어머니가 질문했어요. "아이가 이유식을 해야 할 시기에 아파서 제대로 못했더니 채소는 아예 먹지 않으려고 하고, 고기는 씹어서 즙만 먹고 뱉어내는데 어떻게 해야 하나요?"

아이가 잘 먹지 않는다면 우선 식재료와 친해질 수 있도록 하는 게 가장 좋은 방법이에요. 이유식 강의를 하면서 아동 요리수업도 오랫동안 같이했었는데, 채소를 먹지 않는 아이에게 식재료를 만져 보게 하고, 이 식재료가 우리 몸에서 어떤 역할을 하는지 알려 주면 채소에 대한 거부감이 조금씩 줄어 들어 맛을 보려고 하더라고요.

이유식을 하는 시기가 늦어질수록 새로운 음식에 대한 거부감이 생길 수 있어요. 적절한 시기에 이유식을 시작하는 것은 아기의 건강과 성장, 평생 식습관의 토대가 될 수 있어요. 이유식은 분유나 모유의 부족한 영양분을 보충해 주고, 아기가 빨아서 먹는 단계에서 씹고 삼키는 단계로 넘어가는 연습을 하게 하는 중요한 과정 중 하나입니다.

다양한 식재료와 맛, 질감을 경험하면서 미각이 발달하고, 여러 가지 음식을 골고루 받아들이는 연습을 하게 됩니다. 이유식을 먹이는 과정에서 부모와 긍정적으로 소통하면 아이는 심리적 안정감을 느끼고, 가족과 함께하는 식사 경험은 정서 발달에도 큰 도움을 줍니다.

저는 요리하는 사람인데도 내 아이에게 처음 만들어 주는 이유식은 정말 어렵게 느껴졌어요. 지금 이유식을 시작하는 엄마들 역시 처음이다 보니 모든 것이 새롭고 어렵게만 느껴질 거예요. 이유식은 언뜻 단순해 보이지만, 아이가 먹을 거라고 생각하면 꼭 그렇게 말할 수도 없더라고요.

요리 초보에게 '만능 육수 한 알'이 요리 맛을 살려 주듯이, 《하루 한 장 만능 이유식 데일리북》에 이유식을 처음 시작하는 엄마들도 쉽고 간편하게 만들 수 있도록 그간의 노하우를 담았습니다. 이유식은 간을 하지 않으니 딱히 맛이 없다고 생각하기 쉬운데, 천연 재료로 만능 베이스를 만들어서 이유식을 하면 아주 간편하고 맛있게 만들 수 있어요. 무엇보다 아기가 입을 쫙 벌려 맛있게 먹는 모습을 볼 수 있을 겁니다!

_ 김봉경

contents

프롤로그 004

이유식을 시작하기 전에 꼭 읽어 보세요! 012

초기 이유식 014

중기 이유식 018

후기 이유식 022

완료기 이유식 026

이유식에 필요한 필수 재료 준비 030

소고기 핏물 빼는 법 032

진밥 3종 만들기 034

이유식에 필요한 조리 도구 036

만능 육수로 간편하게 만드는 초기 이유식

만능 베이스 1 | 소고기 페이스트와 육수 050

만능 베이스 2 | 닭고기 페이스트와 육수 052

초기 이유식 1단계

Day 1 | 쌀죽(10배죽) 054

Day 2 | 쌀밥죽 056

Day 3 | 오트밀 쌀죽 058

Day 4 | 소고기 페이스트 쌀죽 060

Day 5 | 닭고기 페이스트 쌀죽 062

Day 6 | 소고기 페이스트 애호박 밥죽 064

Day 7 | 닭고기 페이스트 비타민죽 066

초기 이유식 2단계

Day 8 | 소고기 페이스트 양배추 토핑 · 068
Day 9 | 소고기 페이스트 사과 토핑 · 070
Day 10 | 소고기 페이스트 당근 토핑 · 072
Day 11 | 닭고기 페이스트 브로콜리 토핑 · 074
Day 12 | 닭고기 페이스트 단호박 토핑 · 076
Day 13 | 닭고기 페이스트 청경채 토핑 · 078
Day 14 | 소고기 페이스트 양파 토핑 · 080

맛을 알기 시작하는 아이를 위한 중기 이유식

만능 베이스 1 | 채수 · 084
만능 베이스 2 | 소고기 육수 · 086
만능 베이스 3 | 닭고기 육수 · 088
만능 베이스 4 | 소고기 당근 페이스트 · 090
만능 베이스 5 | 소고기 무 페이스트 · 092
만능 베이스 6 | 닭고기 애호박 페이스트 · 094
만능 베이스 7 | 닭고기 시금치 페이스트 · 096

중기 이유식 1단계

Day 15 | 소고기 당근 페이스트 감자죽 · 098
Day 16 | 소고기 당근 페이스트 토마토죽 · 100
Day 17 | 소고기 무 페이스트 표고버섯죽 · 102
Day 18 | 소고기 무 페이스트 근대죽 · 104
Day 19 | 닭고기 애호박 페이스트 파프리카죽 · 106
Day 20 | 닭고기 애호박 페이스트 적채죽 · 108
Day 21 | 닭고기 시금치 페이스트 연두부죽 · 110

중기 이유식 2단계

Day 22 | 채수 현미밥죽 112
Day 23 | 채수 퀴노아죽 114
Day 24 | 소고기 당근 페이스트 단호박 오이 토핑 116
Day 25 | 소고기 당근 페이스트 연근 완두콩 토핑 118
Day 26 | 소고기 무 페이스트 케일 양송이 토핑 120
Day 27 | 닭고기 시금치 페이스트 무 고구마 토핑 122
Day 28 | 닭고기 시금치 페이스트 사과 달걀 토핑 124

아이의 입맛을 한층 더 끌어올리는 후기 이유식

만능 베이스 1 | 채소 농축 페스토 128
만능 베이스 2 | 버섯 페스토 130
만능 베이스 3 | 토마토 소스 132
만능 베이스 4 | abc 소스 134

후기 이유식 1단계

Day 29 | abc 소스 바나나 포리지 136
Day 30 | 오트밀 버섯 페스토 치즈 포리지 138
Day 31 | 소고기 당근 페이스트 감자 수프 140
Day 32 | 채소 농축 페스토 단호박 오트밀 수프 142
Day 33 | 소고기 당근 페이스트 들깨 무 진밥 144
Day 34 | 닭고기 애호박 페이스트 가지 숙주 진밥 146
Day 35 | 소고기 무 페이스트 아보카도 진밥 148

후기 이유식 2단계

Day 36 | 버섯 페스토 아스파라거스 리조또 150
Day 37 | 토마토 소스 두부 양배추 리조또 152
Day 38 | 닭고기 애호박 페이스트 우엉 적근대 토핑 소스 154

Day 39 | 소고기 무 페이스트 달걀 버섯 토핑 소스 156
Day 40 | 닭고기 애호박 페이스트 고구마 브로콜리 토핑 소스 158
Day 41 | abc 소스 새우살 핑크 토핑 소스 160
Day 42 | 버섯 페스토 대구살 참깨 토핑 소스 162

아이의 입맛을 자극하는 완료기 이유식

만능 베이스 1 | 불고기 소보로 소스 166
만능 베이스 2 | 소고기 라구 소스 168
만능 베이스 3 | 어니언 애플 소스 170
만능 베이스 4 | 밥새우 김뿌림 소스 172

완료기 이유식 1단계

Day 43 | 불고기 소보로 소스 무국 174
Day 44 | 채수 애호박 새우 완자탕 176
Day 45 | 토마토 소스 게살 수프 178
Day 46 | 어니언 애플 소스 버섯 불고기 180
Day 47 | 토마토 소스 미니 미트볼 182
Day 48 | 밥새우 김뿌림 소스 부추 달걀 밥찜 184
Day 49 | 밥새우 김뿌림 소스 애호박 무침 186

완료기 이유식 2단계

Day 50 | 소고기 라구 소스 스크램블드에그 오므라이스 188
Day 51 | 소고기 라구 소스 파스타 190
Day 52 | 어니언 애플 소스 시금치 요거트 카레 192
Day 53 | 불고기 소보로 소스 비빔국수 194
Day 54 | 불고기 소보로 소스 한입 주먹밥 196
Day 55 | 소고기 라구 소스 밥전 198
Day 56 | 어니언 애플 소스 장조림 200

이유식을 시작하기 전에
꼭 읽어 보세요!

· 초기 이유식 ·

초기 이유식은 쌀죽으로 시작해요. 쌀죽은 소화가 잘 되고 알레르기를 유발할 가능성이 가장 낮은 곡물이기 때문이에요.

이유식은 분유를 먹든 모유를 먹든 모든 아기가 6개월쯤 되면 시작해요. 생후 6개월부터 이유식을 시작하면 아기의 소화기관이 충분히 발달해 곡류, 채소, 과일 등 다양한 음식을 조금씩 받아들일 수 있어요. 초기 이유식을 시작할 때 쌀을 고르는 것부터 고민이 됐어요. 쌀가루로 해야 할지, 어떤 쌀을 써야 할지, 아이가 잘 먹을까 신경이 많이 쓰였거든요. 이 책에서는 쌀가루 대신 불린 쌀과 밥으로 이유식 만드는 방법을 소개했어요. 이유식용 쌀가루가 있지만, 집에 있는 재료를 최대한 활용해서 만드는 것이 엄마에게 부담이 덜하니까요.

첫 단계로 쌀과 물을 믹서에 넣고 곱게 갈아 주세요. 냄비에 부으면 마치 진한 쌀뜨물 같은 색에다가 고운 쌀 입자가 보일 거예요. 재료는 한 가지씩 3~4일 동안 먹이면서 알레르기 반응은 없는지 꼭 지켜봐 주세요. 첫날은 괜찮았지만 둘째 날부터 알레르기 반응이 올라올 수도 있어요.

초기 이유식은 하루에 한 번, 양을 많이 먹인다는 생각보다는 식재료에 적응하고, 새로운 질감과 맛을 경험하게 하는 연습이라고 생각하면 좋을 것 같아요. 아이가 처음 먹을 때는 한 입 정도만 먹고 끝낼 수도 있어요. 너무 아쉬워하지 말고 천천히 진행해 주세요. 아기는 지금 고형식에 적응하고, 씹고 삼키는 연습을 하는 과정이거든요.

초기 이유식부터 소고기는 빠지지 않고 들어가요. 생후 6개월이 지나면 아기는 엄마로부터 받은 체내 철분이 점점 떨어지기 시작하거든요. 이 시기에는 성장 속도가 빨라져 철분 요구량이 급격히 늘어나는데 모유나 분유만으로는 부족한 철분을 보충해 줄 수 없어요. 그래서 초기 이유식부터 소고기는 꼭 챙겨 줘야 해요. 되도록 기름기가 적은 부위를 선택해 주세요. 소고기 안심, 우둔살, 홍두깨살 모두 사용 가능한 부위입니다.

처음으로 소고기를 넣어 이유식을 만들었는데 딸아이는 잘 먹지 않았어요. 핏물을 너무 많이 제거하면 철분이 빠져나가 키친타월로 가볍게 닦아 내기만 하고 조리했더니 냄새에 민감한 딸이 아예 입을 벌리지도 않았어요. 그래서 저는 소고기를 물에 담가 가볍게 핏물을 뺀 뒤 끓는 물에 넣어 짧게 데쳐서 핏물 빼는 작업을 두 번 했어요. 그런 다음 물에 넣고 소고기가 익을 때까지 끓였어요. 중간중간 고운체로 불순물과 위에 뜨는 기름을 제거해 가면서요. 정말 이렇게 하면 고기의 누린내를 많이 잡아 줄 수 있고, 국물도 맑아져요. 그런 다음 곱게 갈아서 먹이니 그때부터는 아이가 한 입씩 받아 먹기 시작했고, 채소를 같이 넣어 준 뒤로는 잘 먹었어요.

이유식 강의 때 엄마들을 만나면 처음에는 이유식을 잘 먹던 아기가 소고기를 넣고 나서부터는 잘 먹지 않는다는 경우가 은근히 많았어요. 철분 섭취도 중요하지만, 아기가 잘 먹게끔 소고기를 미리 손질해 두는 세심한 준비가 중요한 것 같아요.

이유식은 소금이나 간장을 넣어 간을 하지 않아요. 신장 기능이 미숙한 아기에게는 나트륨이 부담을 줄 수 있기 때문인데요. 초기 이유식에는 죽 이유식과 토핑 이유식, 이렇게 두 가지로 만들어요. 한 종류만 고집하기보다, 죽과 토핑을 번갈아 가며 주는 것이 좋아요. 죽 이유식은 묽고 부드러운 형태이기 때문에 소화기관이 미숙한 아기도 잘 소화시킬 수 있어요. 토핑 이유식은 밥 위에 반찬처럼 고기, 채소, 과일 등을 따로 올려 주기 때문에 음식의 고유한 맛과 식감을 직접 경험할 수 있고, 다양한 재료에 적응하기 쉬워요.

초기 이유식은 1단계로 7일, 2단계로 7일 진행하여 총 14일 치 이유식 레시피를 담았어요. 하루에 1가지씩 14일 치 이유식을 먹여 보고 아기의 반응과 몸 상태를 잘 지켜보세요. 그리고 아기가 좋아하는 반응을 보이는 이유식은 반복해서 만들어 주면 됩니다. 초기 이유식을 만들기 전, 2가지 만능 육수 만드는 법을 담았습니다. 이 육수를 기본으로 많이 만들어 둔 이후, 14가지 초기 이유식을 만들 때 활용하면 맛있고 간편하게 이유식을 만들 수 있습니다.

아기가 이유식을 처음 접하는 만큼 즐거운 경험이 될 수 있게 해 주세요. 그러려면 아기가 기분 좋을 때 이유식을 주는 것이 좋아요. 첫 수유를 마치고 충분히 휴식한 뒤에 시도해 보세요. 아기가 싫어하는데 억지로 먹이려 하면 음식에 대한 나쁜 인식을 가질 수 있으니 스스로 먹으려고 할 때까지 기다려 주세요. 내 아기의 속도와 리듬에 맞춰 차근차근 초기 이유식을 시작해 보세요.

	초기 이유식
시작 시기	만 6개월 (생후 180일)
하루 횟수	1회
1회 이유식 양	5ml 작은 숟가락 1~2스푼(7~10ml) 시작 7~10g → 30~50g → 50~80g (점진적 증가)
이유식 시간	오전 9~10시
하루 수유량	700~1,000ml
이유식 농도	곱게 간 죽(10배죽, 물과 쌀의 비율이 10 대 1), 수프처럼 흐르는 상태, 알갱이 거의 없음 곱게 간 죽을 거부한다면 죽을 체에 내려 더 고운 죽으로 시작 점진적으로 농도를 높인다. (책에 나온 기준이 아닌 내 아기에게 맞춰서 조절)
이유식 재료 입자 크기	입자의 크기가 거의 보이지 않을 정도로 곱게 간 상태 (입자가 없는 상태)

· 중기 이유식 ·

중기 이유식부터는 하루에 2회씩 이유식을 먹여요. 중기 이유식을 시작하면 "초기 이유식은 쉬운 거였구나." 싶을 거예요. 중기부터는 다양한 식재료가 들어가고, 조금씩 입자가 보이게 다지거나 갈아서 사용합니다.

제 딸은 중기에 접어들어 또다시 이유식을 거부했어요. 초기 이유식은 맑은 죽 형태라면 중기 이유식은 식재료가 입자 있는 형태로 바뀌는데 입 안에서 알맹이가 걸리니 계속 뱉어 냈어요. 다행히 채소 입자는 부드러워서 잘 먹었어요. 소고기의 입자를 싫어했던 것 같아요. 그래서 저는 소고기를 초기 이유식처럼 곱게 갈아서 주고, 그 외 재료들은 씹는 연습을 할 수 있게 입자가 느껴질 정도로 다져서 줬어요. 중기 이유식 초반에는 이런 식으로 하다가 점차 소고기의 입자 크기도 조절해서 주었어요. 서서히 이유식에 변화를 주어야 아기에게 부담이 덜 되는 것 같아요. 중기 이유식 초반에는 모든 재료를 꼭 입자가 있게 먹여야 한다는 생각은 잠시 내려놓으세요. 내 아기에게 맞게 조금씩 변화를 주는 것도 괜찮아요.

만약 소고기와 애호박이 들어간 이유식이라면 소고기는 곱게 갈고, 애호박은 중기 입자 크기에 맞춰서 넣어 보세요. 그러면 아이가 거부감 없이 씹는 연습도 하고, 영양도 챙길 수 있어요.

중기 이유식에도 소고기는 빠지지 않고 들어가요. 아기에게 철분은 정말 중요하기 때문에 철분을 보충할 수 있는 소고기를 넣어 주세요.

중기 이유식부터는 재료도 다양해지고 입자 크기도 맞춰야 해서, 한번 만들려면 손이 많이 가더라고요. 그래서 저는 중기 이유식부터 페이스트(Paste)로 만들었어요. 소고기와 채소, 닭고기와 채소를 함께 갈아 낸 후 은근히 끓이면 깊은 맛을 가진 이유식 페이스트를 만들 수 있어요. 미리 이유식 페이스트를 만들어 두면 조금 더 쉽고 간편하게 이유식을 만들 수 있어 편리해요.

요리 초보가 만능 육수 한 알로 음식의 맛을 확 끌어올리듯이 이유식에서도 만능 육수와 페이스트를 만들어 두면 이유식 만들 때마다 활용할 수 있어요. 채소의 은은한 단맛과 소고기, 닭고기의 진한 맛이 더해져 어떤 이유식에 넣어도 잘 어울려요.

이유식은 간을 하지 않기 때문에 채수, 소고기 육수, 닭고기 육수를 잘 활용해야 이유식 맛이 좋아져요. 물로만 이유식을 만들면 정말 맛이 없어 아이가 거부할 수 있어요. 그래서 이유식 강의 때 "아이가 이유식을 잘 먹지 않아요. 어떻게 해야 할까요?"라고 묻는 분께는 항상 채수를 끓여서 활용해 보라고 권했어요. 만능 육수를 활용해 이유식을 만들면 아이가 더 맛있게 먹을 수 있답니다.

또 하나 팁으로, 소고기 육수를 만들 때 여러 가지 채소를 같이 넣어 끓이면 고기 누린내를 잡을 수가 있어요. 핏물을 많이 안 빼더라도 채소와 같이 끓여 낸 소고기 육수는 소고기만으로 우려낸 육수와는 비교할 수 없을 만큼 깊은 맛을 냅니다.

닭고기 육수를 만들 때도 여러 채소를 넣어 깊은 맛을 더해 주었어요. 채수를 만들 때는 여러 채소를 넣어서 만들어도 좋지만, 아이가 한 번씩 접했던 채소를 넣어 만들어 주세요. 이때 채소를 큼직하게 넣지 말고 얇은 두께로 슬라이스해서 넣으면 더 빠른 시간 안에 채소의 맛을 우려낼 수 있어요.

이렇게 만든 육수와 채수는 육수 팩에 넣어 냉동 보관하면 그때그때 사용하기 편해요. 중기 이유식도 죽 이유식과 토핑 이유식 두 가지 방법으로 만들었어요. 죽 이유식을 만들 때는 전기밥솥을 이용하면 쉽게 만들 수 있어요. 중기부터는 들어가는 식재료가 조금씩 늘어날 거예요. 고기와 채소, 고기와 과일 등 다양한 재료로 이유식을 만들 수 있어요.

토핑 이유식의 토핑 재료도 두세 가지로 늘어날 거예요. 다양한 식재료와 질감을 경험할 수 있도록 죽 이유식과 토핑 이유식을 번갈아 주는 것도 좋아요. 이유식에는 따로 간을 하지 않지만, 만능 육수로 만들면 아이가 훨씬 맛있게 먹을 수 있어요.

중기 이유식은 1단계로 7일, 2단계로 7일 진행하여 총 14일 치 이유식 레시피를 담았어요. 하루에 1가지씩 14일 치 이유식을 먹여 보고 아기의 반응을 잘 지켜보세요. 그리고 아기가 좋아하는 반응을 보이는 이유식은 반복해서 만들어 주면 됩니다.

중기 이유식을 만들기 전, 7가지 만능 육수와 페이스트 만드는 법을 담았습니다. 이것을 기본으로 많이 만들어 둔 후 14가지 중기 이유식을 만들 때 활용하면 맛있고 간편하게 이유식을 만들 수 있습니다.

	중기 이유식
시작 시기	만 7~8개월
하루 횟수	2회
1회 이유식 양	80~120g
이유식 시간	오전 9~10시 / 오후 1~2시
하루 수유량	700~900ml
이유식 농도	6~7배죽 덩어리가 조금 있고 뚝뚝 떨어지는 정도의 묽기 (책에 나온 기준이 아닌 내 아기에게 맞춰서 조절)
이유식 재료 입자 크기	0.1~0.3cm로 곱게 다져 작은 입자가 있는 상태 아기의 잇몸이나 혀로 으깨질 정도

· 후기 이유식 ·

후기 이유식부터는 하루에 3회씩 이유식을 먹기 시작해요. 이제 분유나 모유가 아닌 이유식이 주식이 되는 시기예요. 이때는 규칙적인 식사 시간을 지키고, 가족들과 함께 먹는 횟수도 늘리면 좋아요. 된죽의 형태에서 진밥, 무른 밥으로 변화하면서 점점 고형식에 가까운 질감으로 만들어 줍니다. 저희 딸은 이때 어른이 먹는 밥에 관심을 보였어요.

후기 이유식은 재료가 더 다양해지고, 아기가 씹는 연습을 할 수 있는 형태로 만들게 돼요. 아기가 스스로 집어 먹거나, 숟가락을 사용할 수 있도록 도와주세요. 이유식을 먹고 나면 엄마가 치워야 할 게 많아지긴 하겠지만요.

후기 이유식에서는 페스토(Pesto)와 만능 소스를 만들어서 사용했어요. 그중 하나가 여러 채소를 곱게 갈아 뭉근히 끓여 만든 채소 농축 페스토예요. 채소 농축 페스토를 만들어 두면 시간 없을 때도 뚝딱 이유식을 만들 수 있어요. 저는 지금도 채소 농축 페스토를 만들어 두고 아이 반찬을 만들거나 국 끓일 때 자주 사용해요. 버섯 페스토, abc 소스, 토마토 소스만 있어도 이유식 맛이 한층 더 업그레이드돼요. 이유식 강의 때도 이런 페스토와 소스를 만들어 이유식에 활용하면 어른도 함께 맛있게 먹을 수 있는 이유식을 만들 수 있다고 가르쳐 드렸어요. 밋밋한 이유식이 아닌 식재료가 가진 고유의 맛을 제대로 느낄 수 있는 이유식이 된답니다.

후기부터는 조리법도 다양해져요. 죽이나 토핑 소스 이유식만 만들어 주면 아기가 질릴 수 있어요. 오트밀 포리지, 수프, 리조또, 토핑 소스 등 조리법을 달리하면 재료가 같더라도 다양하게 만들 수 있어요.

토핑 소스의 장점은 계속 끓이는 것이 아닌 볶는 조리법이어서 재료의 식감이 살아 있어요.

재료의 식감을 살려 주면 아기가 자연스럽게 씹는 연습을 할 수 있어요. 토핑 소스에 전분물을 넣을 때도 있고 안 넣을 때도 있는데 달걀과 치즈가 들어가는 토핑 소스라면 전분물을 넣지 않더라도 농도가 괜찮아요. 후기 이유식에는 맛도 살리고 식감도 살려 주는 토핑 소스를 꼭 추천해요.

후기 이유식에도 소금이나 간장으로 간하지 않아요. 다양한 조리법과 식재료로 재료 본연의 맛을 잘 느낄 수 있게 해 주세요. 후기 이유식부터는 아기가 좋아하는 음식과 싫어하는 음식을 가리기 시작해요. 그래서 아기가 더 다양한 재료와 맛을 경험할 수 있도록 해 주는 것이 중요해요.

아이마다 발달 속도가 다르니 너무 조급해하지 마세요. 내 아이에 맞춰서 이유식의 입자와 양을 조절하는 것이 가장 좋은 이유식이랍니다. 이 책을 통해 다양한 조리법과 식재료를 활용해서 이유식을 만드는 방법을 배울 수 있을 거예요.

후기 이유식은 1단계로 7일, 2단계로 7일 진행하여 총 14일 치 이유식 레시피를 담았어요. 하루에 1가지씩 14일 치 이유식을 먹여 보고 아기의 반응을 잘 지켜보세요. 그리고 아기가 좋아하는 반응을 보이는 이유식은 반복해서 만들어 주면 됩니다.

후기 이유식을 만들기 전, 4가지 만능 페스토와 소스 만드는 법을 담았습니다. 이것을 기본으로 많이 만들어 둔 후 14가지 후기 이유식을 만들 때 활용하면 맛있고 간편하게 이유식을 만들 수 있습니다.

후기 이유식	
시작 시기	만 9~11개월
하루 횟수	3회
1회 이유식 양	120~150g
이유식 시간	오전 9~10시 / 오후 1~2시 / 오후 5~6시
하루 수유량	500~700ml
이유식 농도	3~5배죽 된죽-무른밥- 진밥 밥알, 식재료의 형태가 보이는 된죽, 무른밥, 진밥 (책에 나온 기준이 아닌 내 아기에게 맞춰서 조절)
이유식 재료 입자 크기	0.3~0.5cm 정도의 작은 덩어리 입자감이 확실해짐 씹는 연습 시작

· 완료기 이유식 ·

완료기부터는 정말 이유식이 아닌 식사처럼 만들어 주는 시기입니다. 하루 3회 식사를 챙기는 것은 쉽지 않은 일이죠. 다양하게, 맛있게 주고 싶은 엄마의 마음은 모두 같을 거예요.

완료기부터는 반찬, 국, 무침, 볶음, 한 그릇 요리, 파스타, 국수 등 다양한 조리법과 식재료를 활용해 만들 수 있어요. 저는 그냥 어른 요리를 심심하게 만든다고 생각했어요. '아기 이유식'이라고 하면 오히려 다양한 요리가 떠오르지 않더라고요.

완료기 이유식에서는 불고기 소보로 소스, 소고기 라구 소스, 어니언 애플 소스, 밥새우 김뿌림 소스를 만들어 만능 소스로 활용했어요.

아기들이 좋아할 맛으로 여러 가지 만능 소스를 만들어 두면 쉽고 간편하게 완료기 이유식을 만들 수 있어요. 저희 딸은 소고기 라구 소스를 제일 좋아했어요. 토마토에 여러 채소와 소고기를 넣어 만든 소고기 라구 소스는 어른 입맛에도 맛있어요. 저는 이 소스로 볶음밥, 파스타, 주먹밥에 넣어 활용했어요. 일하는 엄마라서 이런 만능 소스를 준비해 두면 아이 식사를 훨씬 빨리 차릴 수 있더라고요. 불고기 소보로 소스는 간장을 넣지 않은 불고기 소스라고 생각하면 됩니다. 국수, 주먹밥, 국 끓일 때 넣으면 순식간에 완료기 이유식을 만들 수 있어요. 어니언 애플 소스는 다양한 고기 요리에 넣어 재우면 고기의 잡내를 없애고, 더 부드럽게 만드는 역할을 해요. 밥새우 김뿌림 소스는 정말 만능입니다. 고소한 맛을 더해 주고 싶을 때 넣으면 맛도 향도 한층 좋아져요.

완료기 이유식부터는 소금이나 간장을 넣어야 할지 고민이 되실 거예요. 가능하면 간을 하지 않는 걸 추천하지만, 아이가 돌이 지나면 가족과 외식을 하면서 자연스럽게 간이 된 음식을 접하게 돼요. 간이 된 음식을 맛보면 간을 안 한 요리는 잘 먹지 않게 됩니다. 그래서 간을 조금 해 줘야겠다고 생각되면, 아기 전용 간장이나 된장으로 아주 약하게 간을 해 주세요. 아기의 신장은 아직 미숙해서 나트륨을 많이 섭취하면 부담이 될 수 있거든요.

완료기 이유식 때는 세끼를 다 밥으로 주는 게 쉽지 않아요. 그래서 저는 만능 소스를 만들어 두고, 아침은 간단한 주먹밥과 제철 재료를 이용한 수프를 자주 만들었어요. 점심은 국수, 파스타, 덮밥 등 간단한 한 그릇 요리를 주로 했고요. 미리 준비해 둔 만능 소스를 잘 활용하면 간편하게 완료기 이유식을 만들 수 있어요.

닭 가슴살을 여러 채소와 압력솥에 넣고 익힌 후 국물에 다진 채소를 넣어 죽을 만들어 줬어요. 닭 가슴살은 잘게 찢어서 장조림을 만들거나, 다져서 볶음밥에 넣기도 했어요.

완료기는 아기가 스스로 씹는 경험을 충분히 할 수 있도록 도와주는 시기예요. 이때는 단순히 먹는 것만이 아니라, 식사 전 손을 씻는 습관이나 숟가락을 잡는 법, 기본적인 식사 예절까지 자연스럽게 익힐 수 있는 시기이기도 해요. 부모가 조금 여유를 가지고 기다려 주면, 아이는 스스로 숟가락을 들고 흘리면서도 차츰차츰 먹는 법을 배워 갑니다.

이 책에는 다양한 만능 소스와 조리법이 담겨 있어요. 덕분에 엄마들이 조금만 응용해도 우리 아이들에게 건강하고, 맛있는 엄마표 이유식을 얼마든지 만들어 줄 수 있답니다.

완료기 이유식은 1단계로 7일, 2단계로 7일 진행하여 총 14일 치 이유식 레시피를 담았어요. 하루에 1가지씩 14일 치 이유식을 먹여 보고 아기의 반응을 잘 지켜보세요. 그리고 아기가 좋아하는 반응을 보이는 이유식은 반복해서 만들어 주면 됩니다.

완료기 이유식을 만들기 전, 4가지 만능 소스 만드는 법을 담았습니다. 이것을 기본으로 많이 만들어 둔 후 14가지 완료기 이유식을 만들 때 활용하면 맛있고 간편하게 이유식을 만들 수 있습니다.

	완료기 이유식
시작 시기	만 12~15개월
하루 횟수	3회
1회 이유식 양	120~180g
이유식 시간	오전 9~10시 / 오후 1~2시 / 오후 5~6시
하루 수유량	400~500ml
이유식 농도	2배 진밥 어른의 밥과 형태는 비슷하지만 살짝 질고 부드러운 상태 (책에 나온 기준이 아닌 내 아기에게 맞춰서 조절)
이유식 재료 입자 크기	0.5~0.7cm 정도의 입자 작은 덩어리 입자감이 확실해짐

이유식에 필요한 필수 재료 준비

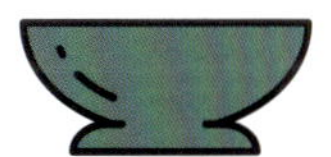

소고기 핏물 빼는 법

1. 찬물에 담가 핏물 빼기

소고기를 찬물에 10분 정도 담가 핏물을 빼요. 중간에 한 번 정도 물을 갈아 주면 핏물이 더 잘 빠진답니다. 고기를 찬물에 너무 오래 담가 두면 소고기의 철분 등 영양소가 손실될 수 있으니 주의하세요.

2. 흐르는 찬물에 살짝 헹구기

소고기를 체에 밭쳐 흐르는 찬물에 헹군 후 키친타월로 감싸 핏물을 제거합니다.

3. 끓는 물에 살짝 데치기

소고기를 끓는 물에 2~3초 넣었다가 체에 밭쳐 핏물을 제거합니다.

소고기의 핏물은 꼭 제거해야 할까?

소고기 핏물을 너무 많이 빼면 철분 등 중요한 영양소가 빠져나가므로 굳이 제거하지 않아도 된다는 의견이 있습니다. 하지만 아기가 잘 먹을 수 있는 이유식을 만들기 위해서는 무엇보다도 핏물을 최소한으로 제거하는 과정이 중요해요.

아기가 냄새에 예민하지 않다면 핏물을 빼지 않는 것이 영양 면에서는 좋지만, 최소한으로 제거해 주면 잡내가 줄어 아기가 더 잘 먹을 수 있어요. 아기가 어려서 제대로 맛을 알지 못할 거라 생각할 수 있지만 분명히 아기들도 냄새와 맛을 판단할 수 있어요.

우리 아이도 고기 냄새에 예민해 핏물을 빼지 않으면 먹지 않았어요. 그래서 찬물에 담그거나 살짝 데쳐 핏물을 제거한 뒤 채소와 함께 끓여 주었더니 잘 먹기 시작했답니다. 그래서 이유식 수업에서 만난 엄마들에게 가장 강조한 부분이 소고기 핏물 빼기였어요. 특히 중기 때부터는 양파 또는 다른 채소를 같이 넣어서 만들기를 추천했어요. 작은 노력으로 아기에게 즐거운 식사 경험을 만들어 주세요.

소고기 핏물 제거 방법에 따른 장단점

방법	장점	단점
찬물에 담그기	누린내 제거, 간편함	영양소 손실 우려 (10분 이내로 추천)
키친타월로 닦기	육즙, 철분 보존, 간편함	완전 제거는 어려움
흐르는 물에 헹구기	빠르고, 영양소 손실 적음	누린내 완전 제거는 어려움
흐르는 물에 헹구기 + 끓는 물에 2~3초 데치기	누린내와 핏물 제거	시간 소요, 영양소 손실 우려

진밥 3종 만들기

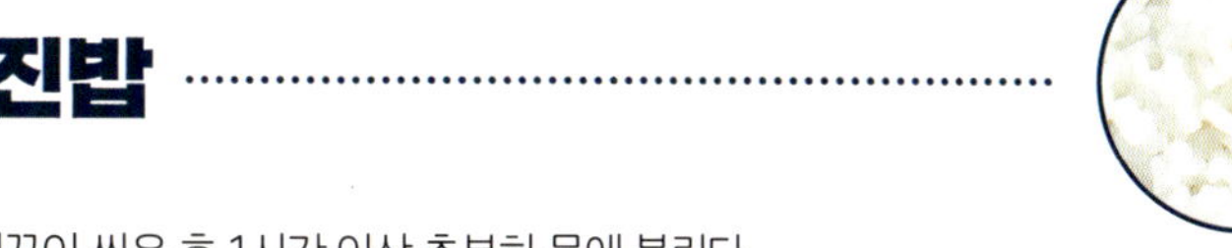

재료 및 분량

- 쌀 200g
- 물 400ml

백미 진밥

1 흰쌀은 깨끗이 씻은 후 1시간 이상 충분히 물에 불린다.

2 쌀은 체에 밭쳐서 물기를 뺀 후 밥솥에 불린 쌀과 적당한 양의 물을 넣고 백미 취사 버튼을 눌러 백미 진밥을 완성한다.

재료 및 분량

- 찰기장 50g
- 쌀 150g
- 물 400ml

찰기장 진밥

1 찰기장과 쌀을 잘 섞는다.

2 깨끗이 씻은 후 1시간 이상 충분히 물에 불린다.

3 불린 찰기장과 쌀을 체에 밭쳐서 물기를 뺀 후 밥솥에 적당한 양의 물과 함께 넣고 백미 취사 버튼을 눌러 찰기장 진밥을 완성한다.

재료 및 분량

- 흑미 50g
- 쌀 150g
- 물 400ml

흑미 진밥

1 흑미와 쌀을 잘 섞는다.

2 깨끗이 씻은 후 1시간 이상 충분히 물에 불린다.

3 불린 흑미와 쌀을 체에 밭쳐서 물기를 뺀 후 밥솥에 적당한 양의 물과 함께 넣고 백미 취사 버튼을 눌러 흑미 진밥을 완성한다.

TIP

- 초기 이유식 쌀 기준: 쌀 1큰술(약 15g)을 물에 불리면 약 20g이 됩니다. 따라서 초기 이유식은 '불린 쌀 20g'을 기준으로 합니다.
- 중기 이유식 쌀 기준: 쌀 1과 1/2큰술(약 22g)을 물에 불리면 약 30g이 됩니다. 따라서 중기 이유식은 '불린 쌀 30g'을 기준으로 합니다. 즉, 이 책에서는 말랑하게 불린 쌀의 양을 기준으로 레시피를 구성했습니다. 초기에는 불린 쌀 20g, 중기에는 불린 쌀 30g을 사용하며, 모든 레시피는 약 2회 분량을 기준으로 합니다.
- 초기 이유식 팁: 초기 죽을 만들 때 잘 뭉쳐 덩어리가 진다면, 주걱 대신 거품기를 사용해 보세요. 재료가 더 잘 섞여 덩어리지지 않고 부드럽게 완성됩니다.
- 중기 이유식 팁: 중기 이유식부터는 쌀을 너무 곱게 갈면 아기가 씹는 연습을 할 수 없어요. 믹서에 쌀을 넣고 버튼을 길게 누르는 대신, '짧게 짧게' 눌렀다 떼는 방식으로 갈아 주세요. 믹서에서 '드륵, 드륵, 드르륵' 하는 소리가 난다고 생각하면 됩니다. 이렇게 하면 아기가 씹는 연습을 할 수 있는 적당한 크기의 쌀 입자를 만들 수 있습니다.

이유식에 필요한
조리 도구

1. 믹서

이유식 믹서를 선택할 때 가장 중요한 건 단계별로 입자 크기를 조절할 수 있고, 다양한 질감을 만들 수 있는지였어요. 그리고 세척이 쉽고 안전한지도 꼼꼼하게 확인하고 선택했답니다.

초기 이유식은 재료를 곱게 갈면 되지만, 중기부터는 입자 크기를 조절하면서 갈아야 하기 때문에 수동 모드로도 작동할 수 있는지 살펴보고 선택해야 합니다. 중기 이유식에서 쌀을 갈 때는 믹서에 넣고 계속 버튼을 누르지 말고, '짧게 짧게' 눌렀다 떼는 식으로 갈아야 해요. 마치 '드륵, 드륵, 드르륵' 하는 소리를 상상하며 조절하면 좋습니다. 이렇게 갈면 아기가 씹는 연습을 하기에 딱 알맞은 중기 이유식 쌀 알갱이 입자를 만들 수 있어요. 그러니 수동 모드로 믹서를 작동할 수 있는지 꼭 확인하고 구입해 주세요.

2. 초퍼(만능 다지기)

만능 다지기, 초퍼(Chopper)는 이유식 만들 때 꼭 필요한 도구예요. 엄마의 손목을 보호하기 위해서 초퍼는 꼭 준비하세요. 아기 이유식은 초기, 중기, 후기, 완료기에 따라 들어가는 식재료의 입자 크기가 중요한데, 초퍼는 재료를 쉽게 분쇄하거나 다져 줘요. 아기의 발달 단계에 따라 부드럽거나 조금 씹히는 식감으로 조절할 수도 있어요. 손으로 재료를 다지는 것보다 훨씬 빠르게 이유식 재료를 준비할 수 있답니다.

3. 냄비

냄비는 1L 또는 그 이하의 작은 냄비로 선택했어요. 육수를 만들기 위해 큰 냄비 한 개 정도 준비해 두면 좋아요. 그래도 주로 사용하는 냄비는 1L 정도 크기예요. 아기 이유식은 한 번에 적은 양만 만들고, 분량을 늘려 만든다 해도 어른 요리만큼 많지는 않아요. 중기 이유식부터는 다양한 종류의 이유식을 만들게 돼요. 양은 적지만 종류가 많아지므로, 1L 정도의 냄비를 사용하면 편리합니다. 이유식 만들 때 적은 양의 채소와 고기를 데치거나 삶을 일이 많은데, 작은 냄비에 넣고 끓이면 더 빨리 손쉽게 만들 수 있답니다.

4. 팬

1~2인분 양을 조리할 수 있는 16~22cm 크기의 팬이 이유식 만들기에 좋아요. 이유식은 약한 불에서 오래 조리하는 경우가 많아서 사용하기 전에 음식이 잘 눌어붙지 않는 팬인지도 확인하세요. 아기가 먹는 이유식이기에 안전 인증이 확인된 제품인지도 꼭 살펴보세요.

5. 미니 찜기

이유식을 만들 때 지름 16~20cm 미니 찜기가 실용적이에요. 적은 양의 채소를 찌거나, 생선을 찔 때 주로 사용하는데, 용량이 큰 찜기는 시간도 오래 걸리고 세척하기도 번거로워 잘 쓰지 않게 되더라고요. 적당한 크기의 미니 찜기는 이유식 시기뿐 아니라 유아식을 만들 때도 유용하게 사용할 수 있어요. 이유식은 입자 크기와 질감이 중요한데, 단단한 채소는 살짝 찌거나 다져서 넣어 주면 다양한 입자와 질감의 이유식을 만들 수 있어요.

6. 전자레인지 실리콘 찜기

이유식을 할 때 전자레인지용 실리콘 찜기는 전자레인지 전용 안전 소재인지, 열탕 소독이 가능한지를 확인한 뒤 준비했어요. 이 찜기는 이유식을 안전하게 데울 수 있고, 고구마, 호박, 감자 같은 단단한 채소도 짧은 시간 안에 찔 수 있어 바쁜 엄마들에게 큰 도움이 되는 조리 도구랍니다. 저는 부드러운 달걀찜을 만들거나, 오트밀 포리지와 수프를 만들 때도 잘 사용했어요. 바쁜 아침 시간에도 이 찜기를 잘 활용하면 이유식 만드는 시간을 줄일 수 있어요.

7. 실리콘 주걱

이유식용 실리콘 주걱은 조리 시 높은 온도에서도 안전한지, 식품용 실리콘 재질인지, 적당한 탄력과 유연성이 있는지 확인하고 준비하는 게 좋아요. 이유식은 냄비 바닥에 잘 밀착되기 때문에 깔끔하게 긁어 낼 수 있는 실리콘 주걱을 선택해야 이유식 양이 정확하게 나와요. 생각보다 바닥에 남은 이유식이 꽤 돼요.

8. 도마

도마는 교차 오염을 막기 위해서 고기용과 채소용으로 분리해서 사용하는 것이 좋아요. 또 이유식은 재료를 주로 다져서 넣기 때문에 도마에 칼집이 많이 날 수 있어요. 도마에 칼집이 많이 생겼다면 세균 번식의 위험이 있으니 과감히 교체해 주세요. 도마는 칼집 내구성이 높고, 세척이 쉬운 소재로 만든 것이 안전해요.

9. 이유식용 육수 보관팩

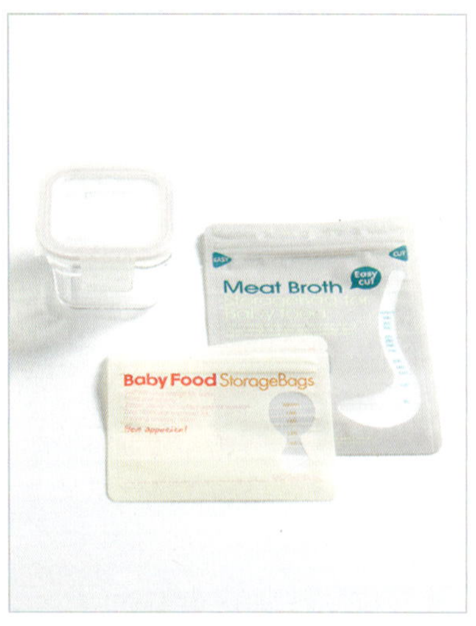

이유식용 육수 보관팩은 식품용으로 안전하게 제작된 제품으로 선택해야 해요. 육수 또는 채수를 매번 끓여서 만든다는 건 쉬운 일이 아니에요. 한 번 만들 때 육수나 채수를 많이 만들어서 1회 분량만큼 육수 보관팩에 넣어 얼렸다가 꺼내서 쓰면 이유식 만들기가 훨씬 수월해요. 작은 육수 보관팩에는 한 끼 먹을 이유식을 얼렸다가 외출할 때 가지고 나가도 좋아요.

10. 이유식 틀

이유식 틀은 아기가 먹는 음식에 직접 닿는 만큼 안전한 재질로 만든 제품을 선택하세요. 냉동 보관용으로 많이 사용하므로 냄새가 잘 배지 않고 신선도를 잘 유지할 수 있는 밀폐형 제품을 선택하는 것이 좋아요. 이유식 틀에 넣어 얼린 이유식 재료를 손쉽게 분리할 수 있도록 유연하면서도 튼튼한 실리콘 재질로 만들어진 틀이 사용하기 편해요. 열탕 소독도 가능한지 꼭 체크해 주세요.

만능 육수, 만능 페이스트, 만능 페스토, 만능 소스 등 다양한 만능 베이스를 이유식 틀에 얼려서 준비해 두면 이유식을 만드는 데 부담이 훨씬 줄어들 거예요.

만능 육수로 간편하게 만드는

초기 이유식

초기 이유식에는 죽 이유식과 토핑 이유식, 이렇게 두 가지가 있어요. 한 가지만 고집하기보다 두 종류를 번갈아 가며 해 주세요. 죽 이유식은 묽고 부드러운 죽 형태이기 때문에 소화기관이 미숙한 아기도 잘 소화시킬 수 있어요. 토핑 이유식은 밥 위에 반찬처럼 고기, 채소, 과일 등을 따로 올려 주기 때문에 아기가 음식의 고유한 맛과 식감을 직접 경험할 수 있고, 다양한 재료에 쉽게 적응할 수 있어요.

: 깔끔한 맛을 내는 :

소고기 페이스트와 육수

만능 베이스 ❶ · ②

지방이 적은 부위로 만든 소고기 페이스트와 소고기 육수입니다. 소고기는 필수로 섭취해야 하지만, 아기들은 아직 소화기관이 미숙해 지방이 많은 재료는 소화시키기 어렵고, 부담을 줄 수가 있어요. 안심, 우둔살, 홍두깨살 등 지방이 적은 부위로 선택해 주세요.

재료 및 분량

- 소고기 안심·홍두깨살·우둔살(지방이 적은 부위 중 택 1) 200g
- 물 1L

1 소고기는 작은 큐브 모양으로 얇게 썰어 준비한 후, 찬물에 5분 정도 담가 핏물을 제거한다(키친타월로 겉면만 닦아 핏물을 제거해도 된다).

2 냄비에 물을 넣고 끓어오르면 소고기를 넣어 2~3초 정도 데친다.

3 다시 냄비에 물 1L와 데친 소고기를 넣고 센 불에서 끓이면서 떠오르는 불순물을 제거한다. 한소끔 끓으면 중약불로 줄인 후 소고기가 속까지 익도록 20분간 끓인다.

4 고기는 건져 내고 체에 밭쳐 맑은 육수만 거른다. 육수는 식힌 후 실리콘 틀이나 육수 보관팩에 넣어 냉동 보관한다.

5 삶은 소고기는 초퍼에 남은 소고기 육수 50~70g과 함께 넣고 최대한 곱게 간다.

6 곱게 간 소고기 페이스트는 10g씩 계량해서 실리콘 틀이나 용기에 소분해서 냉동 보관한다.

TIP

- 소고기는 철분이 빠져나갈까 봐 핏물을 키친타월로 가볍게 닦아 내기도 하지만, 누린내 제거를 원한다면 물에 5분 정도 담근 뒤 끓는 물에 2~3초 정도 살짝 데치면 좋아요. 아기도 고기 누린내에 민감해서, 이렇게 처리해 주면 더 잘 먹는답니다.

: 담백한 맛을 내는 :

닭고기 페이스트와 육수

만능 베이스 ① · ❷

이유식에서 소고기만큼 많이 사용되는 고기가 닭 안심이에요. 닭 안심은 분유 물에 담갔다가 사용하면 닭고기 특유의 누린내를 없애고 핏물도 제거할 수 있어요. 조금 번거롭긴 하지만 아기들이 먹을 이유식이 훨씬 깔끔하고 맛있어져요. 여기서는 닭 안심을 사용했지만, 닭 가슴살로 만들어도 좋아요.

재료 및 분량

- 닭 안심 200g
- 물 1L
- 누린내 제거 분유 물: 물 200ml + 분유 5g

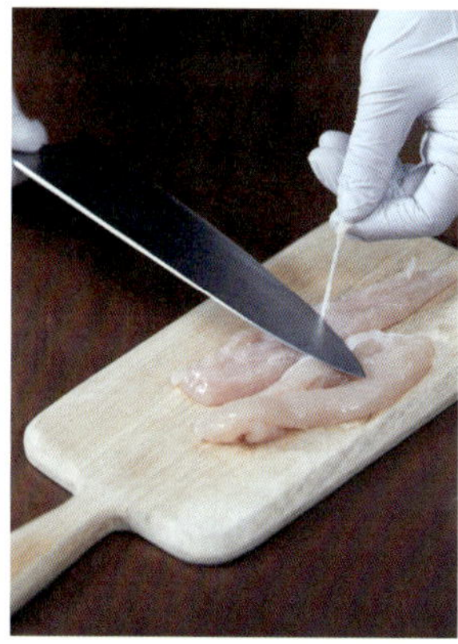

1 닭 안심의 힘줄과 근막을 칼로 살살 긁어 제거한다.

2 볼에 물과 분유를 넣어 섞은 뒤 손질한 닭 안심을 넣고 냉장고에서 30분 정도 재워 누린내를 없앤다. 깨끗한 물에 분유 물을 씻어 낸다.

3 냄비에 닭 안심과 물을 넣고 센 불에 끓인다. 끓기 시작하면 떠오르는 거품과 불순물을 걷어 낸다. 중약불로 줄인 후 20분 정도 닭고기가 완전히 익을 때까지 끓인다.

4 고기는 건져 내고 체에 밭쳐 육수만 거른다. 육수는 식힌 후 실리콘 틀 또는 육수 팩에 넣어 냉동 보관한다.

5 식은 닭 안심도 갈기 좋은 크기로 잘라 초퍼에 닭 육수 20~30ml 정도를 같이 넣고 곱게 간다.

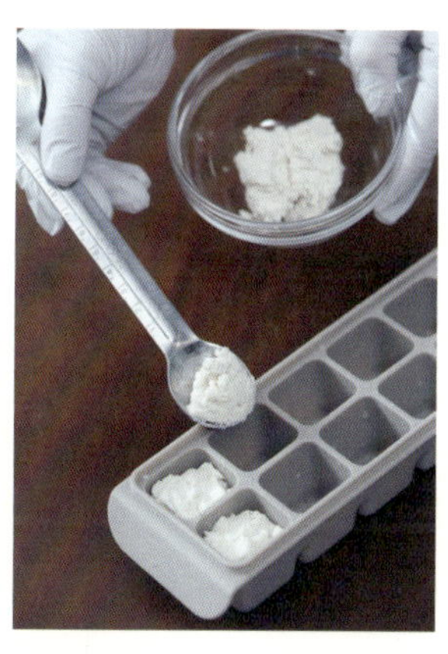

6 곱게 간 닭고기 페이스트는 10ml씩 계량해서 실리콘 틀이나 소분 용기에 담아 냉동 보관한다.

TIP

- 닭 안심에는 힘줄과 근막이 있어요. 힘줄은 곱게 갈아도 조금씩 씹히기도 한답니다. 닭 안심의 힘줄과 근막을 제거한 다음 갈면 아기가 더 부드럽게 먹을 수 있어요. 힘줄을 잡고 칼로 살살 긁어 내듯이 손질하면 쉽게 제거할 수 있어요.

초기 이유식 1단계

쌀죽(10배죽)

Day 1

쌀로 만든 쌀죽을 제일 먼저 시작해 보세요. 쌀죽은 알레르기 위험이 낮고, 부드러운 질감 덕분에 소화가 잘 됩니다. 어른이 먹었을 때는 밋밋한 맛이지만, 처음 이유식을 맛보는 아기들은 분유나 모유와는 다른 쌀의 고유한 맛과 향을 느낄 수 있어요. 하나씩 천천히 시작해 보세요.

재료 및 분량

- 불린 쌀 20g
- 물 200ml

1 쌀은 깨끗이 씻은 후 물에 1시간 이상 불린다.

2 불린 쌀과 물 100ml를 믹서에 넣고 쌀 알갱이가 보이지 않을 정도로 곱게 간다.

3 냄비에 곱게 간 **2**와 나머지 물을 넣고, 중약불에서 주걱으로 저어 가며 끓인다. 끓어오르면 약불로 줄여 충분히 쌀이 퍼지도록 6~8분 더 끓여 완성한다. 만약 쌀이 충분히 퍼지지 않았는데 되직하다면 물을 조금씩 넣어 쌀이 푹 퍼질 때까지 끓인다.

TIP

- 쌀죽을 처음 먹일 때 미음처럼 부드럽게 먹이고 싶다면 체에 한 번 거른 후 먹여 주세요. 약간의 입자가 있거나 되직하면 아이가 거부할 수도 있어요. 이때는 체에 한 번 더 걸러 부드럽게 한 다음 먹여 보세요.

쌀밥죽

Day 2

불린 쌀도 없고, 이유식용 쌀가루도 없을 때 쉽고 간편하게 집에 있는 밥으로 이유식을 만들 수 있어요. 이미 지어진 밥으로 쌀밥죽을 만들면 되니 바쁜 엄마의 시간을 절약할 수 있답니다.

재료 및 분량

- 밥 40g
- 물 200ml

1 밥과 물을 준비한다.

2 믹서에 밥과 물 100ml를 넣고 곱게 간다.

3 냄비에 곱게 간 **2**와 나머지 물을 넣고, 중약불에서 주걱으로 저어 가며 끓인다. 끓어오르면 약불로 줄여 5~6분 더 끓여 완성한다.

TIP

- 남은 밥이 유난히 되다면 물을 추가해서 농도를 조절해 주세요. 된밥인지, 진밥인지에 따라서 물 양이 달라질 수 있어요. 된밥이라면 물을 더 넣어서, 진밥이라면 물을 조금 줄여서 농도를 적절히 맞춰 주세요.

오트밀 쌀죽

초기 이유식 1단계

Day 3

오트밀 쌀죽은 쌀과 오트밀을 함께 넣어 만든 고소하고 건강한 이유식이에요. 쌀에 부족한 식이섬유, 철분, 미네랄 등을 보완해 준답니다. 완성된 오트밀 쌀죽은 쌀만 넣고 끓인 쌀죽하고는 다르게 오트밀 특유의 고소한 향과 맛을 느낄 수 있어요.

재료 및 분량

- 불린 쌀 10g
- 오트밀 가루 10g
- 물 200~220ml

1 쌀은 깨끗이 씻어 1시간 이상 불린다.

2 믹서에 불린 쌀, 오트밀 가루, 물 100ml를 넣고 곱게 간다.

3 냄비에 곱게 간 **2**와 나머지 물을 넣고, 중약불에서 주걱으로 저어 가며 끓인다. 끓어오르면 약불로 줄여 6~7분 더 끓여 완성한다.

TIP

- 오트밀은 귀리를 익혀 눌러 만들거나 잘게 부순 곡물로, 입자 크기에 따라 여러 종류가 있어요.
- 오트밀 쌀죽에 사용한 오트밀은 이유식용으로 나온 가루 형태 제품이에요.
- 초기에는 고운 가루 입자 오트밀을 사용하면 더 간편하고 쉽게 이유식을 만들 수 있답니다.

소고기 페이스트 쌀죽

Day 4

이유식에서 빠질 수 없는 재료가 바로 소고기입니다. 6개월 이후부터는 아기에게 철분이 급격히 많이 필요한데 모유나 분유만으로는 충분하지 않아요. 그래서 소고기는 초기 이유식부터 필수 재료로 넣어 이유식을 만들어 주세요.

재료 및 분량

- 불린 쌀 20g
- 소고기 페이스트 20g
- 물 또는 소고기 육수 200~220ml

1 쌀은 깨끗이 씻은 후 물에 1시간 이상 충분히 불린다.

2 불린 쌀과 물 또는 소고기 육수 100ml를 믹서에 넣고 곱게 간다.

3 냄비에 곱게 간 쌀과 나머지 물 또는 소고기 육수, 소고기 페이스트를 넣고 중약불에서 주걱으로 저어 가며 끓인다.

4 끓어오르면 약불로 줄여 충분히 쌀이 퍼지도록 6~8분 더 끓여 완성한다.

TIP

- 소고기 페이스트 죽을 만들 때 소고기 페이스트의 양은 레시피보다 조금 더 추가해도 좋아요. 소고기를 잘 먹는 아기라면 소고기 페이스트를 조금 더 넣어 주세요. 만약 이유식을 잘 먹지 않는다면, 소고기 페이스트의 입자가 너무 큰 건 아닌지 확인해 주세요.

닭고기 페이스트 쌀죽

Day 5

닭고기는 철분과 단백질이 풍부하면서도 살결이 부드러워, 아직 소화기관이 미숙한 아기에게 잘 맞는 재료예요. 닭고기 페이스트에 사용한 닭 안심은 다른 부위보다 잡내가 적고 순해서 아기들이 거부감 없이 잘 먹어요.

재료 및 분량

- 불린 쌀 20g
- 닭고기 페이스트 20g
- 물 또는 닭 육수 200~220ml

1 쌀은 깨끗이 씻은 후 물에 1시간 이상 충분히 불린다.

2 불린 쌀과 물 또는 닭육수 100ml를 믹서에 넣고, 곱게 갈아 준다.

3 냄비에 곱게 간 쌀과 닭고기 페이스트, 나머지 물 또는 닭 육수를 넣고 중약불에서 주걱으로 저어 가며 끓인다.

4 끓어오르면 약불로 줄인 다음 쌀이 푹 퍼지도록 6~8분 더 끓여 완성한다.

TIP

- 닭고기 페이스트 쌀죽을 만들 때 집에 만들어 둔 닭고기 육수가 있다면 물 대신 사용해 보세요. 좀 더 깊은 맛을 낼 수 있답니다.

소고기 페이스트 애호박 밥죽

Day 6

애호박은 알레르기를 일으킬 가능성이 낮아 초기 이유식 재료로 알맞아요. 소고기 페이스트 애호박 밥죽은 불린 쌀이 아닌 남은 밥으로 만듭니다. 남은 밥과 애호박, 소고기 페이스트만 있다면 간단하면서도 건강한 이유식을 만들 수 있답니다.

재료 및 분량

- 밥 40g
- 소고기 페이스트 20g
- 껍질 벗긴 애호박 20g
- 소고기 육수 200ml

1 애호박은 깨끗이 씻은 후 껍질을 벗기고, 4등분한다.

2 냄비에 물 1과 1/2컵, **1**의 애호박을 넣고 센 불에서 끓인다. 끓어오르면 중약불로 줄여 5분 정도 더 끓인다.

3 밥과 삶은 애호박, 소고기 육수 100ml를 믹서에 넣고, 곱게 갈아 준다.

4 **3**의 곱게 간 애호박 밥죽, 소고기 페이스트와 남은 소고기 육수 100ml를 냄비에 넣고, 중약불에서 주걱으로 저어 가며 끓인다. 끓어오르면 약불로 줄여 4~5분 더 끓여 완성한다.

TIP

- 초기 이유식에 들어가는 애호박은 껍질을 꼭 벗겨 주세요. 애호박 껍질은 질기고 거칠기 때문에 곱게 갈아도 미세하게 남아 있을 수 있어요. 초기에는 껍질을 벗긴 부드러운 과육만 사용해야 아기가 삼키고 소화하는 데 부담이 없답니다.

닭고기 페이스트 비타민죽

Day 7

비타민은 떫거나 쓴맛이 적고 맛이 순해 초기 이유식에 사용하기 좋은 재료예요. 닭고기 페이스트와 함께 넣어 초기 이유식을 만들어 보세요.

재료 및 분량

- 불린 쌀 20g
- 닭고기 페이스트 20g
- 비타민(잎 부분) 15g
- 물 또는 닭 육수 200ml

1 쌀은 깨끗이 씻은 후 물에 1시간 이상 충분히 불린다.

2 비타민은 줄기를 잘라내고 잎 부분만 준비한다.

3 끓는 물에 비타민 잎을 넣고 1분 정도 데친 후 찬물에 헹구고, 갈기 좋은 크기로 썰어 둔다.

4 불린 쌀과 물 또는 닭 육수 100ml, 데친 비타민을 믹서에 넣고 곱게 간다.

5 곱게 간 비타민 죽에 닭고기 페이스트와 나머지 물 또는 닭육수를 넣고, 중약불에서 저어 가며 끓이다가 끓어오르면 약불로 줄여 6~8분 정도 쌀이 충분히 퍼질 때까지 끓여 완성한다.

TIP

- 비타민은 줄기 부분을 제거하고 잎 부분만 사용하는 것이 좋아요. 아직 소화기관이 약하기 때문에 잎 부분만 넣어야 부드럽고 소화가 잘 되는 초기 이유식을 만들 수 있어요.

소고기 페이스트 양배추 토핑

Day 8

초기 이유식 1단계에 적응한 아이라면 2단계로 넘어가 토핑이 들어간 이유식을 시도해 보세요. 소고기 페이스트 양배추 토핑은 양배추의 풍부한 식이섬유가 장운동을 활발하게 도와 변비 예방에 좋아요. 또한 양배추에 들어 있는 비타민은 위 점막을 보호해 주어 위가 약한 아기에게도 부담이 적어 초기 이유식 재료로 적합해요.

재료 및 분량

- 쌀죽 2회 분량 (80~120g)
- 소고기 페이스트 30g
- 양배추 30g

1 양배추는 두꺼운 줄기 부분을 제거하고 부드러운 잎 부분만 사용한다.

2 김이 오른 미니 찜기에 양배추를 올려 중불에서 5~6분 정도 찐다.

3 한 김 식힌 뒤 초퍼에 넣고 곱게 간다. 잘 갈리지 않을 경우 물 1/2~1큰술을 더 넣어 갈아 준다.

4 쌀죽 위에 소고기 페이스트와 곱게 간 양배추 토핑을 올리거나, 각각 따로 담아 완성한다.

TIP

- 양배추의 두꺼운 줄기 부분은 꼭 제거하세요. 오래 쪄도 질겨서 아기가 먹기 어려워요. 부드러운 속잎만 사용하면 더 부드럽고 맛있는 양배추 토핑을 만들 수 있어요.

소고기 페이스트 사과 토핑

Day 9

사과의 자연스러운 단맛과 부드러운 식감은 아기가 이유식에 흥미를 갖고 다양한 식재료에 적응하는 데 도움을 줍니다. 사과를 쪄서 토핑을 만들면 더욱 부드러워 아기가 먹기 편하고, 소화도 잘 됩니다.

재료 및 분량

- 쌀죽 2회 분량 (80~120g)
- 소고기 페이스트 30g
- 껍질 벗긴 사과 30g

1 사과는 깨끗이 씻어 껍질과 씨를 제거한 후 0.3cm 두께로 잘라 2등분한다.

2 김 오른 미니 찜기에 사과를 넣고 중불에서 3분 정도 찐다.

3 찐 사과는 초퍼로 곱게 간다. 잘 갈리지 않을 경우 물 1/2~1큰술을 더 넣어 갈아 준다.

4 쌀죽 위에 소고기 페이스트와 사과 토핑을 올리거나, 각각 따로 담아 완성한다.

TIP

- 초기 이유식에 사과를 넣을 때는 반드시 익혀서 부드럽게 주면 소화에 도움이 됩니다.
- 찌는 과정이 번거롭다면 전자레인지에 넣어 익힌 후 곱게 갈아 사용해도 좋습니다.

소고기 페이스트 **당근 토핑**

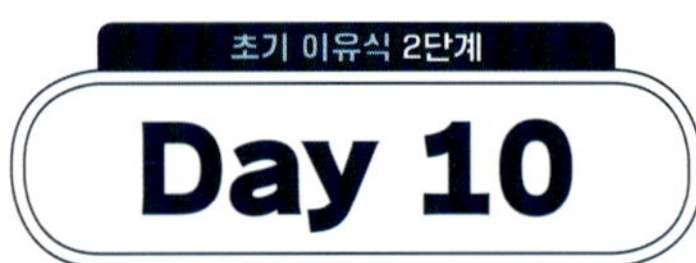

계절에 관계없이 구할 수 있는 당근은 베타카로틴 함량이 높아 눈 건강과 면역력 강화에 좋은 이유식 재료입니다.

재료 및 분량

- 오트밀 쌀죽 2회 분량 (80~120g)
- 소고기 페이스트 30g
- 껍질 벗긴 당근 30g

1 당근은 껍질을 벗기고 깨끗이 씻은 후 0.3cm 두께로 썰어 준비한다.

2 김 오른 미니 찜기에 당근을 넣고 9~10분 정도 부드럽게 푹 찐다.

3 익힌 당근을 초퍼에 넣어 곱게 간다. 잘 갈리지 않을 경우 물 1/2~1큰술을 더 넣어 갈아 준다.

4 오트밀 쌀죽 위에 소고기 페이스트와 당근 토핑을 올리거나, 각각 따로 담아 완성한다.

TIP

- 당근은 다른 채소보다 딱딱하므로 충분히 쪄야 부드럽습니다.
- 젓가락으로 찔렀을 때 힘 들이지 않고 '쑥' 들어가면 잘 쪄진 상태입니다.

닭고기 페이스트 브로콜리 토핑

Day 11

브로콜리는 데쳐도 비타민 C가 잘 보존되는 식재료이며, 철분도 풍부해 빈혈 예방에 좋아요. 초기 이유식에 브로콜리 토핑을 올려 주면 아기들이 브로콜리의 맛과 식감을 자연스럽게 익힐 수 있답니다.

재료 및 분량

- 오트밀 쌀죽 2회 분량 (80~120g)
- 닭고기 페이스트 30g
- 브로콜리 꽃송이 30g

1 브로콜리는 꽃송이 부분만 준비해 식초나 베이킹소다를 푼 물에 10~20분 담가 이물질을 제거한 뒤, 흐르는 물에 헹군다.

2 냄비에 물 2컵 정도를 넣고 센 불에서 끓어오르면 브로콜리를 넣는다. 중불로 줄여 3~4분간 삶듯이 데친다.

3 데친 브로콜리를 한 김 식힌 뒤 초퍼에 넣어 곱게 간다. 잘 갈리지 않을 경우 물 1/2~1큰술을 더 넣어 갈아 준다.

4 오트밀 쌀죽 위에 닭고기 페이스트와 브로콜리 토핑을 올리거나, 각각 따로 담아 완성한다.

TIP

- 브로콜리 줄기는 식감이 거칠고 질기므로 초기에는 꽃송이 부분만 사용하세요.
- 아기의 씹는 힘과 소화력이 발달하면 줄기 부분도 조금씩 활용할 수 있습니다.

닭고기 페이스트 단호박 토핑

Day 12

단호박은 비타민 A, 비타민 C, 식이섬유 등 아기 성장과 면역력, 소화 건강에 중요한 영양소가 골고루 들어 있는 재료예요. 부드럽고 달콤한 맛 덕분에 단호박을 넣은 이유식은 아기가 거부감 없이 잘 먹습니다.

재료 및 분량

- 쌀밥죽 2회 분량 (80~120g)
- 닭고기 페이스트 30g
- 껍질 벗긴 단호박 30g

1 단호박은 깨끗이 씻은 후 씨를 제거하고 껍질을 벗긴다.

2 김이 오른 미니 찜기에 단호박을 넣고 중강불에서 12~15분간 푹 찐다.

3 잘 쪄진 단호박은 체에 내려 준비한다.

4 쌀밥죽 위에 닭고기 페이스트와 단호박 토핑을 올리거나, 각각 따로 담아 완성한다.

TIP

- 단호박이 너무 딱딱해 손질하기 어렵다면 전자레인지에 3~5분 정도 돌린 후 손질하면 수월해요.
- 껍질이 잘 벗겨지지 않을 경우 껍질째 찐 뒤 속만 숟가락으로 파내 사용하면 훨씬 간편해요.

닭고기 페이스트 청경채 토핑

Day 13

청경채는 채소 중에서도 칼슘이 풍부한 편에 속해요. 아기에게 꼭 필요한 칼슘이 많이 들어 있어 초기 이유식에 아주 적합한 식재료입니다. 닭고기 페이스트와 함께 토핑 이유식으로 만들어 보세요.

재료 및 분량

- 쌀밥죽 2회 분량 (80~120g)
- 닭고기 페이스트 30g
- 청경채 잎 부분 30g

1 청경채는 줄기를 잘라 내고 잎 부분만 사용한다.

2 끓는 물에 청경채 잎을 넣고 3~4분간 데친다. 흐르는 물에 헹군 후 잘게 썬다.

3 **2**의 청경채를 초퍼에 넣고 곱게 간다. 잘 갈리지 않을 경우 물 1/2~1큰술 정도를 더 넣어 갈아 준다.

4 쌀밥죽 위에 닭고기 페이스트와 청경채 토핑을 올리거나, 각각 따로 담아 완성한다.

TIP

- 청경채는 잎 부분만 사용해 곱게 갈아야 아기가 거부감 없이 먹을 수 있어요.
- 너무 양이 적어서 초퍼에 잘 갈리지 않는다면, 미니 절구에 으깨듯이 갈아 사용하면 좋아요.

소고기 페이스트 양파 토핑

Day 14

양파는 매울 거라 생각해 이유식에 넣어도 되는지 많이들 물어보세요. 하지만 양파는 익히면 매운맛이 사라지고 부드러워져요. 오히려 달콤한 맛이 나서 아기가 거부감 없이 잘 먹을 수 있는 재료 중 하나랍니다.

재료 및 분량

- 쌀밥죽 2회 분량 (80~120g)
- 소고기 페이스트 30g
- 양파 30g

1 양파는 한 장씩 떼어 낸 후 찬물에 10분 정도 담가 매운맛을 뺀다.

2 김이 오른 미니 찜기에 양파를 넣고 중강불에서 양파가 투명해질 때까지 5분 정도 찐다.

3 한 김 식힌 양파는 초퍼로 곱게 간다. 잘 갈리지 않을 경우 물 1/2~1큰술 정도를 더 넣어 갈아 준다.

4 쌀밥죽 위에 소고기 페이스트와 양파 토핑을 올리거나, 각각 따로 담아 완성한다.

TIP

- 익히지 않은 양파는 매운맛이 강해요. 물에 담가 매운맛을 충분히 빼 주세요.
- 찌는 방법이 번거롭다면 끓는 물에 데쳐도 되지만, 데친 것보다 찐 양파가 더 달콤한 맛이 나요.

맛을 알기 시작하는 아이를 위한

중기 이유식

중기부터는 이유식에 들어가는 식재료가 조금씩 늘어날 거예요. 고기와 채소, 고기와 과일 등 다양한 식재료의 조합으로 이유식을 만들 수 있어요. 토핑도 두세 가지로 종류가 늘어날 거예요. 여러 가지 식재료와 질감을 경험할 수 있는 죽 이유식, 토핑 이유식을 번갈아 해 주는 것도 좋아요. 간을 하지 않더라도 만능 베이스로 만든 이유식은 아이가 맛있게 먹을 수 있어요.

: 감칠맛을 내는 :

채수

만능 베이스 1 · 2 · 3 · 4 · 5 · 6 · 7

이유식을 만들 때 빼놓을 수 없는 가장 중요한 재료는 바로 채수예요. 저는 지금도 채수를 항상 만들어 둔답니다. 채수는 채소의 다양한 영양소를 이유식에 보태 줄 수 있는 방법이에요. 소금 간을 하지 않는 이유식은 맛이 없다고 생각하는 분이 많지만, 채소에서 우러나온 자연스러운 감칠맛과 단맛이 더해진 채수를 이용하면 간을 하지 않았는데도 "음~ 맛있네!" 하실 거예요.

재료 및 분량

- 물 2L
- 양파 300g
- 당근 100g
- 애호박 50g
- 껍질 벗긴 사과 50g
- 다시마(자른 것) 2장

1 모든 재료는 깨끗이 씻은 후 0.5cm 두께로 썰어 준다. 다시마는 젖은 키친타월로 닦아 준다.

2 냄비에 모든 재료를 넣고, 센 불에서 끓인다. 5분 정도 끓어오르면 다시마는 건져 내고, 중약불로 줄여 25~30분간 끓여 완성한다.

3 체에 걸러 낸 채수는 따로 식힌 후 실리콘 틀에 넣어 얼리거나 육수 팩에 200~400ml씩 나누어 냉장 또는 냉동 보관한다.

TIP

- 처음 채수를 만들 때는 아기가 접해 본 채소 위주로 넣어 주세요. 레시피대로 넣어도 좋지만, 익숙한 채소로 시작하는 것이 좋아요.
- 요리하다 남은 자투리 채소를 모아 두었다가 채수를 만들 때 활용해도 좋습니다.
- 무를 넣어도 괜찮습니다. 다만 여름 무는 맵고 쓴맛이 강하니, 선선한 가을이나 겨울에 나는 무를 넣어 주세요.

: 진한 맛을 내는 :

소고기 육수

만능 베이스 1 · **2** · 3 · 4 · 5 · 6 · 7

소고기는 이유식에 꼭 들어가는 재료예요. 소고기 육수를 만들지 않고 고기 자체만 넣어도 되지만, 소고기와 채소로 육수를 우려내어 이유식에 사용하면 소고기의 영양분을 섭취하면서 더 깊은 맛을 낼 수 있어요. 특히 소고기에 양파, 당근, 대파, 다시마를 함께 넣어 끓이면 소고기의 누린내를 잡고, 진한 풍미의 육수를 만들 수 있답니다.

재료 및 분량

- 소고기 양지 또는 사태 200g
- 양파 100g
- 당근 50g
- 대파 흰 부분 10g
- 다시마(자른 것) 2장
- 물 2L

1 양파, 당근은 깨끗이 씻어 0.5cm 두께로 썰고, 대파는 세로로 반 가른다. 다시마는 젖은 키친타월로 닦는다.

2 소고기는 작은 큐브 모양 또는 얇게 썰어 준비한다.

3 소고기는 찬물에 10분 정도 담가 핏물을 빼거나, 키친타월로 겉면을 닦아 핏물을 제거한다.

4 냄비에 물, 소고기, 모든 채소를 넣고 센불에서 끓기 시작하면 5분 뒤 다시마는 건지고, 불을 중약불로 줄인 후 25~30분간 끓인다. 중간에 떠오르는 불순물은 제거한다.

5 식힌 후 소고기 육수를 실리콘 틀에 넣어 얼리거나 육수팩에 200~400ml씩 나누어 냉장 또는 냉동 보관한다.

TIP

- 육수를 내고 남은 소고기는 곱게 갈아 이유식 재료로 사용하거나, 어른 요리에 활용해도 좋아요. 장조림, 간장 양념 소보로, 비빔 고추장 등에 응용하면 좋습니다.
- 진한 국물 맛을 원한다면 양지나 사태를 사용하세요. 지방이 섞여 있을 수 있으므로, 식힌 뒤 위에 뜨는 기름을 고운 체로 걸러 내면 깔끔한 맛을 낼 수 있습니다.
- 초기 이유식 단계에서 사용했던 안심, 홍두깨살, 우둔살로 육수를 만들어도 좋아요. 이 경우 맑고 담백한 맛의 소고기 채소 육수를 얻을 수 있어요.

: 깊은 맛을 내는 :

닭고기 육수

만능 베이스 1 · 2 · **3** · 4 · 5 · 6 · 7

닭고기에 채소를 넣어 만든 닭고기 육수는 채소에서 우러나오는 단맛과 닭고기의 담백한 맛이 어우러져 더 깊은 풍미를 냅니다. 채소와 닭고기를 함께 끓이면 닭고기의 누린내가 사라지고 깔끔한 맛의 닭고기 채소 육수를 만들 수 있어요. 입맛이 까다로운 아기들도 닭고기 육수를 넣은 이유식은 잘 먹는답니다.

재료 및 분량

- 닭 가슴살 200g
- 양파 100g
- 당근 50g
- 대파 흰 부분 10g
- 다시마(자른 것) 2장
- 물 2L
- 누린내 제거용 분유 물 : 물 200ml + 분유 5g

1 양파, 당근은 깨끗이 씻어 0.5cm 두께로 썰고, 대파는 세로로 반 가른다. 다시마는 젖은 키친타월로 닦는다.

2 닭 가슴살은 큼직하게 썰어 분유 물에 넣고 버무려 냉장고에서 30분 정도 재워 누린내를 없앤다, 이후 한번 헹군다.

3 냄비에 물, 닭 가슴살, 모든 채소를 넣고 센 불에서 끓인다. 끓기 시작하면 5분 정도 후에 다시마를 건져 내고, 중간중간 떠오르는 불순물을 제거한다.

4 불을 중약불로 줄여 25~30분간 끓인다. 체에 걸러 내면 닭고기 육수가 완성된다.

5 식힌 닭고기 육수를 실리콘 틀에 넣어 얼리거나 육수 팩에 200~400ml씩 나누어 냉장 또는 냉동 보관한다.

TIP

- 육수를 내고 남은 닭 가슴살은 곱게 갈아 이유식 재료로 활용하거나, 어른 요리(닭고기 장조림, 닭개장 등)에 사용해도 좋아요.
- 닭고기 육수를 만들 때는 지방이 적은 닭 가슴살이나 닭 안심을 주로 사용하세요. 담백하고 깔끔한 맛이 나서 아기들이 잘 먹습니다.
- 닭 다리도 사용 가능하지만 반드시 껍질을 벗기세요. 껍질에서 나온 지방을 섭취하면 소화가 잘 안되고 장에 부담을 줄 수 있어요.
- 닭 다리로 만들 경우, 찬물에 10분 정도 담가 뼈에서 나오는 핏물을 제거해야 깔끔하고 맛있는 육수를 만들 수 있어요.

: 단맛을 내는 :

소고기 당근 페이스트

만능 베이스 1 · 2 · 3 · **4** · 5 · 6 · 7

소고기에는 단백질과 철분, 아연 등 아기 성장에 꼭 필요한 영양소가 풍부해요. 다양한 채소와 소고기를 함께 넣어 만든 소고기 당근 페이스트만 있다면 쉽고 건강하게 이유식을 만들 수 있어요. '소고기를 어떻게 조리하면 아기가 잘 먹을까? 엄마가 조금이라도 편하게 이유식을 만들 수 있는 방법은 없을까?' 고민하다가 떠올린 것이 바로 이 레시피랍니다. 소고기를 거부하던 딸이 잘 먹는 걸 보고, "아, 이거구나!" 싶었어요. 그래서 이유식 강의에서도 가장 많이 알려 드렸던 노하우예요.

재료 및 분량

- 소고기 안심·홍두깨살·우둔살(지방이 적은 부위 중 택 1) 100g
- 물 500ml
- 당근 50g
- 양파 60g
- 애호박 50g

1 양파, 당근, 애호박은 잘게 잘라 초퍼에 넣고 중기 이유식에 맞는 입자로 간다.

2 소고기는 작은 큐브 모양으로 얇게 썬다. 소고기는 찬물에 5분 정도 담가 핏물을 제거하거나, 키친타월로 겉면만 닦아 핏물을 제거한다.

3 냄비에 물과 소고기를 넣고 센 불에서 끓인다. 끓기 시작하면 떠오르는 불순물을 제거한다. 불을 줄여 중약불에서 소고기가 완전히 익을 때까지 12~15분간 삶는다.

4 삶은 소고기를 식힌 후 초퍼에 넣고 중기 이유식에 맞는 크기의 입자로 간다(이때 육수는 따로 둔다).

5 냄비에 간 소고기, 양파, 당근, 애호박, 그리고 소고기 육수를 넣고 중약불에서 수분이 없어질 때까지 끓인다.

6 완성된 소고기 당근 페이스트는 식힌 후 20~30g씩 계량해 실리콘 틀이나 소분 용기에 담아 냉동 보관한다.

TIP

- 레시피에 적힌 채소만 사용해야 하는 것은 아니에요. 아기가 좋아하는 채소와 잘 먹지 않는 채소를 섞어 주면, 싫어하는 채소에도 익숙해질 수 있어요.
- 소고기를 더 많이 주고 싶다면, 소고기의 양을 늘리고 채소의 양을 줄여도 괜찮습니다.

: 시원한 맛을 내는 :

소고기 무 페이스트

만능 베이스 1 · 2 · 3 · 4 · **5** · 6 · 7

소고기와 무는 한식에서 자주 짝을 이루는 재료예요. 무에는 단백질 소화를 돕는 효소와 성분이 있어서 소고기와 함께 먹으면 소화가 더 잘 된답니다. 또한 무의 단맛과 시원한 맛은 소고기의 진한 풍미를 끌어올리고, 무의 비타민 C는 소고기 속 철분 흡수를 도와줘요. 소고기 무 페이스트를 넣어서 이유식을 만들어 보세요. 맛있어서 아기들이 입을 크게 벌리고 더 달라고 재촉할 거예요.

재료 및 분량

- 소고기 안심·홍두깨살·우둔살(지방이 적은 부위 중 택 1) 100g
- 물 500ml
- 무 50g
- 양파 60g
- 대파 흰 부분 20g

1 무, 양파, 대파는 잘게 잘라 초퍼에 넣고 중기 이유식에 맞는 입자로 간다.

2 소고기는 작은 큐브 모양으로 얇게 썰어 찬물에 10분 정도 담가 핏물을 제거하거나, 키친타월로 겉면을 닦아 핏물을 제거한다.

3 냄비에 물과 소고기를 넣고 센 불에서 끓인다. 끓기 시작하면 떠오르는 불순물을 제거한다. 불을 줄여 중약불에서 소고기가 완전히 익을 때까지 12~15분간 삶는다.

4 삶은 소고기를 식힌 후 초퍼에 넣고 중기 이유식에 맞는 입자로 간다(이때 육수는 따로 둔다).

5 냄비에 간 소고기, 양파, 무, 대파, 그리고 소고기 육수를 넣고 중약불에서 수분이 없어질 때까지 끓인다.

6 완성된 소고기 무 페이스트는 식힌 후 20~30g씩 나누어 실리콘 틀이나 소분 용기에 담아 냉동 보관한다.

TIP

- 여름 무를 사용할 경우 끓는 물에 한 번 데쳐 쓴맛과 매운맛을 줄여 주세요.
- 데쳐도 맛이 강하다면 무의 양을 줄이고 양파의 양을 늘리거나, 무 대신 양파만 넣어 소고기 양파 페이스트를 만들어도 맛있습니다.

: 담백한 맛을 내는 :

닭고기 애호박 페이스트

만능 베이스 1 · 2 · 3 · 4 · 5 · **6** · 7

닭 안심, 애호박, 양파, 당근을 넣어 만든 닭고기 애호박 페이스트는 닭 안심의 담백함에 채소의 다양한 맛이 더해져 맛과 영양을 간편하게 챙길 수 있어요. 바쁘고 힘든 날에는 냄비에 밥을 갈아 넣고 닭고기 애호박 페이스트만 넣어 끓이면 가볍게 즐길 수 있는 채소 닭죽이 된답니다.

재료 및 분량

- 닭 안심 100g
- 애호박 50g
- 양파 60g
- 당근 50g
- 물 500ml
- 누린내 제거용 분유 물: 물 200ml + 분유 5g

1 애호박, 양파, 당근은 잘게 잘라 초퍼에 넣고 중기 이유식에 맞는 입자로 간다.

2 손질한 닭 안심을 분유 물에 넣고 버무려 냉장고에서 30분 정도 재워 누린내를 제거한다. 이후 분유 물에 재운 닭 안심을 헹군다.

3 냄비에 물과 닭 안심을 넣고 센 불에서 끓인다. 끓기 시작하면 떠오르는 불순물을 제거한다.

4 불을 중약불로 줄여 닭 안심이 완전히 익을 때까지 12~15분 삶는다. 식힌 후 초퍼에 넣고 중기 이유식에 맞는 입자로 간다(이때 육수는 따로 둔다).

5 냄비에 갈아 놓은 닭 안심, 양파, 당근, 그리고 닭고기 육수를 넣고 중약불에서 수분이 없어질 때까지 끓인다.

6 완성된 닭고기 애호박 페이스트는 식힌 후 20~30g씩 나누어 실리콘 틀이나 소분 용기에 담아 냉동 보관한다.

TIP

- 레시피에는 닭 안심을 사용했지만 닭 가슴살도 괜찮아요. 담백하고 지방이 적어 페이스트 만들기에 적합합니다.
- 채소는 다른 재료를 추가하거나 겹치는 재료를 빼고 대체 채소를 넣어 다양한 맛으로 응용할 수 있습니다.

: 은은한 맛을 내는 :

닭고기 시금치 페이스트

만능 베이스 ①·②·③·④·⑤·⑥·**⑦**

닭고기 시금치 페이스트는 닭 안심, 시금치, 양파, 사과를 넣어 만든 레시피예요. 시금치의 식물성 철분과 닭고기의 철분이 더해져 빈혈 예방에 도움이 되며, 양파와 사과가 은은한 단맛을 더해 아기들이 거부감 없이 잘 먹을 수 있어요.

재료 및 분량

- 닭 안심 100g
- 물 500ml
- 시금치 잎 부분 50g
- 양파 60g
- 껍질 벗긴 사과 50g
- 누린내 제거용 분유 물: 물 200ml + 분유 5g

1 시금치는 깨끗이 씻은 후 줄기를 제거하고 잎 부분만 사용한다. 끓는 물에 2분 정도 데친 뒤 찬물에 헹구고 물기를 뺀다.

2 양파, 사과, 데친 시금치는 잘게 잘라 초퍼에 넣고 중기 이유식에 맞는 입자로 간다.

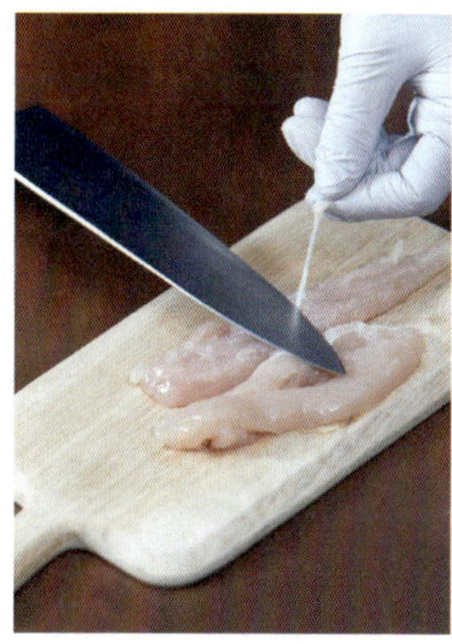

3 닭 안심의 힘줄과 근막은 칼로 살살 긁어 제거한다.

4 손질한 닭 안심을 분유 물에 넣고 버무려 냉장고에서 30분 정도 재워 누린내를 제거한다. 이후 분유 물은 씻어 낸다. 중약불에서 닭 안심이 완전히 익을 때까지 12~15분 삶는다. 식힌 후 초퍼에 넣고 중기 이유식에 맞는 입자로 간다.

5 냄비에 갈아 놓은 닭 안심, 양파, 사과, 시금치, 닭고기 육수를 넣고 중약불에서 수분이 없어질 때까지 끓인다.

6 완성된 닭고기 시금치 페이스트는 식힌 후 20~30g씩 계량해서 실리콘 틀이나 소분 용기에 담아 냉동 보관한다.

TIP

- 시금치는 줄기가 짧고 잎이 작은 것을 고르면 더 부드러운 페이스트를 만들 수 있습니다.
- 시금치는 생후 6개월 이후부터 사용하는 것이 좋아요. 시금치에는 질산염이 함유되어 있는데, 6개월 미만 아기는 신장과 소화기관이 미성숙해 질산염을 제대로 처리하지 못할 수 있기 때문입니다. 따라서 중기 이유식부터 사용하는 것을 권장해요.

Day 15

소고기 당근 페이스트 **감자죽**

감자는 사과보다 약 3배나 많은 비타민 C를 함유하고 있어요. 감자 속 전분이 비타민 C를 보호해 열을 가해도 손실이 적습니다. 또한 감자는 소화가 잘 되어 아기가 부담 없이 먹을 수 있는 좋은 재료예요.

재료 및 분량

- 불린 쌀 30g
- 감자 20g
- 소고기 당근 페이스트 30g
- 소고기 육수 180~200ml

1 쌀은 깨끗이 씻은 후 물에 1시간 이상 충분히 불린다.

2 믹서에 불린 쌀과 소고기 육수 100ml를 넣고, 쌀 알갱이가 원래 크기의 1/4~1/3 정도가 되도록 간다.

3 감자는 0.2~0.3cm 크기로 다지거나 초퍼에 넣어 중기 이유식 입자에 맞게 간다.

4 냄비에 갈아 놓은 쌀, 감자, 소고기 당근 페이스트, 남은 소고기 육수를 넣고 쌀과 감자가 다 익을 때까지 끓여 완성한다.

TIP

- 이유식에 사용할 감자는 흠집이 없고 단단한 것을 고르세요. 흠집이 많은 감자는 수분이 쉽게 빠져나가 조직이 물러지고 금세 상하기 쉽습니다.
- 죽이 되직하다면 육수 또는 물을 조금씩 넣어 쌀이 퍼질 때까지 끓여 주세요.

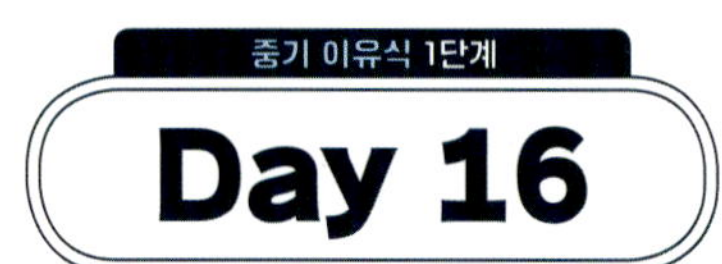

소고기 당근 페이스트 토마토죽

소고기 당근 페이스트 토마토죽에 들어가는 버섯에는 단백질과 필수 아미노산, 식이섬유가 풍부하고, 토마토에는 라이코펜과 비타민 C가 풍부하게 들어 있어요. 버섯과 토마토를 함께 넣어 만들면 두 가지 감칠맛이 더해져 맛있고 영양 가득한 이유식을 완성할 수 있답니다.

재료 및 분량

- 불린 쌀 30g
- 새송이버섯 10g
- 방울토마토 20g
- 소고기 당근 페이스트 30g
- 채수 180~200ml

1 쌀은 깨끗이 씻은 후 물에 1시간 이상 충분히 불린다.

2 믹서에 불린 쌀과 채수 100ml를 넣고 쌀 알갱이가 원래 크기의 1/4~1/3 정도 되도록 간다.

3 새송이버섯은 0.2~0.3cm 크기로 잘게 다지거나, 초퍼에 넣고 중기 이유식 입자에 맞게 간다.

4 방울토마토는 칼끝으로 콕콕 찔러 칼집을 내고 끓는 물에 1분 정도 데친다. 껍질을 벗기고, 씨를 제거한 후 0.2~0.3cm 크기로 다진다.

5 냄비에 갈아 놓은 쌀, 소고기 당근 페이스트, 다진 새송이버섯, 다진 방울토마토, 남은 채수를 넣고, 쌀과 새송이버섯이 다 익을 때까지 끓여 완성한다.

TIP

- 방울토마토는 반드시 씨를 제거해 주세요. 씨에는 렉틴(Lectin) 성분이 들어 있어 알레르기, 설사, 복통을 일으킬 수 있습니다. 하지만 걱정하지 않아도 돼요. 씨를 제거한 뒤 데치거나 익히면 안전하게 먹일 수 있습니다.
- 씨는 작은 숟가락으로 떠 내거나 흐르는 물에 씻어 내면 간편하게 제거할 수 있습니다.
- 죽이 되직하다면 채수 또는 물을 조금씩 넣어 쌀이 퍼질 때까지 끓여 주세요.

소고기 무 페이스트 **표고버섯죽**

Day 17

소고기 무 페이스트 표고버섯죽에 들어가는 표고버섯은 비타민 D 함량이 높아 아기의 칼슘 흡수를 도와줘요. 표고버섯에는 특유의 감칠맛이 풍부하게 들어 있어서 이유식의 풍미를 끌어올려 준답니다. 표고버섯 대신 다른 버섯을 넣어도 좋아요.

재료 및 분량

- 불린 쌀 30g
- 표고버섯 20g
- 소고기 무 페이스트 30g
- 채수 180~200ml

1 쌀은 깨끗이 씻은 후 물에 1시간 이상 충분히 불린다.

2 믹서에 불린 쌀과 채수 100ml를 넣고 쌀 알갱이가 원래 크기의 1/4~1/3 정도가 되도록 간다.

3 표고버섯은 0.2~0.3cm 크기로 잘게 다지거나, 초퍼에 넣어 중기 이유식 입자에 맞게 간다.

4 냄비에 갈아 놓은 쌀, 소고기 무 페이스트, 다진 표고버섯, 남은 채수를 넣고 쌀과 표고버섯이 다 익을 때까지 끓여 완성한다.

TIP

- 표고버섯은 물에 오래 담가 두지 말고 가능한 한 빠르게 세척하세요. 버섯은 물을 많이 흡수하는 식재료라 오래 담가 두면 맛과 식감이 떨어질 수 있습니다.
- 죽이 되직하면 채수 또는 물을 조금씩 넣어 쌀이 퍼질 때까지 끓여 주세요.

소고기 무 페이스트 근대죽

Day 18

근대를 중기 이유식에 넣으면 비타민, 미네랄, 식이섬유 등 다양한 영양소를 보충해 줄 수 있어요. 근대는 약간의 쓴맛이 있지만 데치거나 조리하면 맛이 한결 부드러워집니다. 아기가 다양한 채소를 경험하면 편식을 예방하는 데에도 도움이 돼요.

재료 및 분량

- 불린 쌀 30g
- 근대 잎 부분 20g
- 소고기 무 페이스트 30g
- 채수 180~200ml

1 쌀은 깨끗이 씻은 후 물에 1시간 이상 충분히 불린다.

2 믹서에 불린 쌀, 채수 100ml를 넣고 쌀 알갱이가 원래 크기의 1/4~1/3 정도가 되도록 간다.

3 근대 줄기는 잘라 잎 부분만 준비한다.

4 끓는 물에 근대 잎을 2분 정도 데친 후 0.2~0.3cm 크기로 다지거나 초퍼에 넣고 중기 이유식 입자에 맞게 간다.

5 냄비에 갈아 놓은 쌀, 소고기 무 페이스트, 다진 근대, 남은 채수를 넣고 쌀이 다 익을 때까지 끓여 완성한다.

TIP

- 근대는 줄기 부분이 질기고 소화가 잘 되지 않기 때문에 잎 부분만 사용하세요. 아직 아기의 소화기관이 미숙하므로 부드러운 잎 부분 위주로 조리하는 것이 좋아요.
- 죽이 되직하다면 채수 또는 물을 조금씩 넣어 쌀이 퍼질 때까지 끓여 주세요.

닭고기 애호박 페이스트 파프리카죽

Day 19

파프리카는 비타민 C와 비타민 A가 풍부해 아기의 면역력을 키우는 데 도움이 됩니다. 단맛이 나고 쓴맛이 적어 아기들이 거부감 없이 잘 먹는 식재료 중에 하나예요. 파프리카는 빨강, 노랑, 주황 등 색깔에 따라 영양소가 조금씩 달라서 다양한 색의 파프리카를 넣으면 색감도 알록달록하고, 영양도 더 풍부한 이유식을 만들 수 있어요.

재료 및 분량

- 불린 쌀 30g
- 파프리카 20g
- 닭고기 애호박 페이스트 30g
- 닭고기 육수 180~200ml

1 쌀은 깨끗이 씻은 후 물에 1시간 이상 충분히 불린다.

2 믹서에 불린 쌀과 닭고기 육수 100ml를 넣고 쌀 알갱이가 원래 크기의 1/4~1/3 정도가 되도록 간다.

3 김이 오른 미니 찜기에 파프리카를 올려 7~8분간 찐 다음 찬물에 헹궈 껍질을 벗긴다.

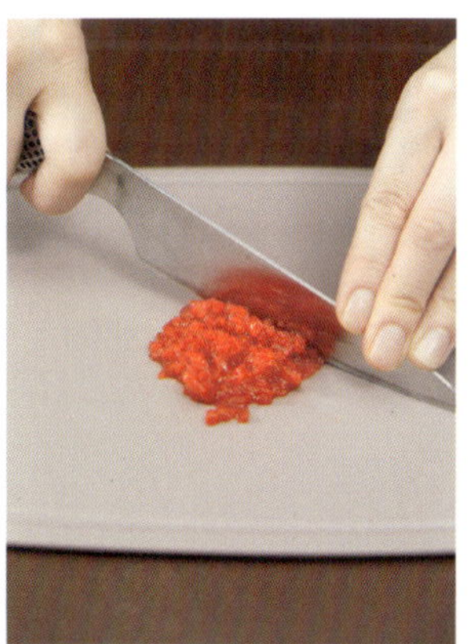

4 껍질을 벗긴 파프리카를 0.2~0.3cm 크기로 다지거나 초퍼에 넣고 중기 이유식 입자에 맞게 간다.

5 냄비에 갈아 놓은 쌀, 닭고기 애호박 페이스트, 다진 파프리카, 남은 닭고기 육수를 넣고 쌀이 다 익을 때까지 끓여 완성한다.

TIP

- 파프리카는 김 오른 찜기에 넣어 충분히 쪄야 껍질이 잘 벗겨집니다.
- 껍질은 질겨서 아기가 소화하기 어렵기 때문에 반드시 제거해 주세요.
- 삶아도 껍질이 잘 벗겨지므로, 찌거나 삶는 방법 모두 가능합니다.
- 죽이 되직하면 채수 또는 물을 조금씩 넣어 쌀이 퍼질 때까지 끓여 주세요.

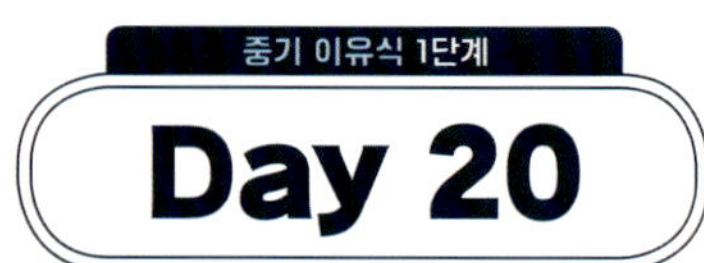

닭고기 애호박 페이스트 적채죽

적채에는 안토시아닌 성분이 풍부해 아기의 시력 발달에 도움이 됩니다. 그 외에도 다양한 영양소와 항산화 물질이 풍부해서 중기 이유식에 아주 좋은 식재료예요. 보라색 빛깔은 아기의 시각적 감각을 자극해 식사에 대한 흥미도 높여 줄 수 있으니 이유식에 꼭 활용해 보세요.

재료 및 분량

- 불린 쌀 30g
- 적채 20g
- 닭고기 애호박 페이스트 30g
- 채수 180~200ml

1 쌀은 깨끗이 씻은 후 물에 1시간 이상 충분히 불린다.

2 믹서에 불린 쌀과 채수 100ml를 넣고 쌀 알갱이가 원래 크기의 1/4~1/3 정도가 되도록 간다.

3 적채는 겉껍질과 심지를 제거한 뒤 끓는 물에 2분 정도 데친다. 이후 0.2~0.3cm 크기로 다지거나 초퍼에 넣어 중기 이유식 입자에 맞게 간다.

4 냄비에 갈아 놓은 쌀, 닭고기 애호박 페이스트, 다진 적채, 남은 채수를 넣고 쌀이 다 익을 때까지 끓여 완성한다.

TIP

- 적채의 겉껍질은 수분이 말라 질길 수 있으므로 반드시 제거하세요. 심지 부분을 빼고 삶거나 찌면 단맛이 살아나 달콤한 맛의 이유식을 만들 수 있습니다.
- 죽이 되직하면 채수 또는 물을 조금씩 넣어 쌀이 퍼질 때까지 푹 끓이세요.

닭고기 시금치 페이스트 연두부죽

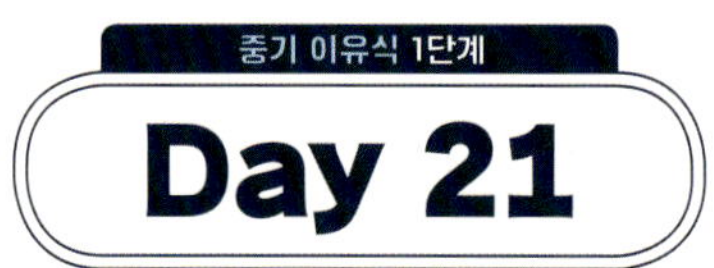

부드럽고 고소한 연두부는 식물성 단백질이 풍부해요. 영양도 좋고 소화도 잘 되어 이유식 재료로 사용하기에 아주 좋아요.

재료 및 분량

- 불린 쌀 30g
- 연두부 50g
- 닭고기 시금치 페이스트 30g
- 채수 180~200ml

1 쌀은 깨끗이 씻은 후 물에 1시간 이상 충분히 불린다.

2 믹서에 불린 쌀과 채수 100ml를 넣고 쌀 알갱이가 원래 크기의 1/4~1/3 정도가 되도록 간다.

3 연두부는 수저로 으깬다.

4 냄비에 갈아 놓은 쌀, 닭고기 시금치 페이스트, 으깬 연두부, 남은 채수를 넣고 쌀이 다 익을 때까지 끓여 완성한다.

TIP

- 연두부 대신 순두부 또는 두부를 넣어서 만들어도 좋아요. 두부 종류 대신 불린 검은 콩을 삶아서 껍질을 벗긴 후 중기 입자에 맞게 다져 넣어 주면 또 다른 이유식을 만들 수 있답니다.

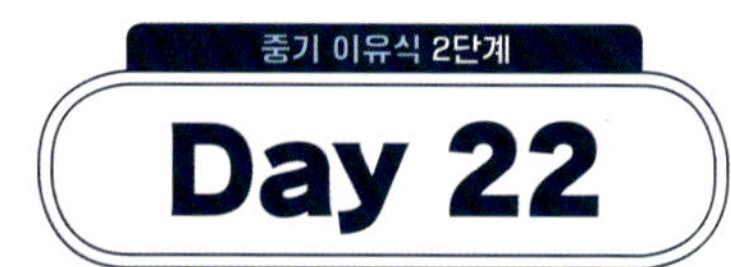

채수 현미밥죽

밥솥으로 지은 현미밥으로 죽을 만들면 간편해요. 이미 한 번 익힌 밥이기 때문에 조리 시간을 줄일 수 있답니다. 현미밥, 흑미밥, 보리밥 등 다양한 곡류밥으로 응용해 아기에게 여러 가지 죽을 만들어 줄 수 있어요.

재료 및 분량

- 현미밥 70g
- 채수 150~200ml

1 현미밥과 채수를 준비한다.

2 믹서에 현미밥과 채수 100ml를 넣고, 쌀알이 원래 크기의 1/2~2/3 정도 입자가 되도록 간다.

3 냄비에 갈아 놓은 현미밥과 남은 채수를 넣는다. 중불에서 끓이다가 끓어오르면 중약불로 줄여 현미밥죽 농도가 될 때까지 끓여 완성한다.

TIP

- 집마다 밥 지을 때 넣는 물 양이 달라 현미밥의 상태에 따라 죽이 되직할 수도, 묽을 수도 있습니다. 끓일 때 물 양을 조절해 주세요. 레시피보다 더 많은 물이 필요할 수도 있다는 점을 꼭 기억하세요.
- 제가 만든 현미밥 레시피를 알려 드릴게요.
  현미 50g, 쌀 150g, 물 400ml
  현미는 8시간 이상 불리고, 쌀은 1시간 정도 불려 주세요.
  불린 후 체에 밭쳐 물기를 뺀 후 밥솥에 불린 쌀, 불린 현미, 물을 넣고 밥통에 현미 취사 버튼을 눌러 현미 진밥을 만든 후 현미밥죽을 만들었어요.

채수 퀴노아죽

Day 23

퀴노아는 쌀보다 약 2배 이상 많은 단백질을 함유하고 있으며, 아기에게 꼭 필요한 필수 아미노산을 골고루 갖춘 식물성 단백질 공급원이에요. 퀴노아를 넣어 만든 죽은 구수한 풍미가 있어 아기들도 부담 없이 먹을 수 있습니다.

재료 및 분량

- 불린 쌀 30g
- 퀴노아 가루 3g
- 채수 200~220ml

1 쌀은 1시간 이상 물에 담가 불리고, 퀴노아 가루는 채수 50ml를 부어 20분 이상 불린다.

2 믹서에 불린 쌀과 불린 퀴노아 가루, 채수 100ml를 넣고 쌀 알갱이가 원래 크기의 1/2~2/3 정도가 되도록 간다.

3 냄비에 갈아 놓은 쌀, 불린 퀴노아, 남은 채수를 넣는다. 중불에서 끓이다가 끓어오르면 중약불로 줄여 쌀과 퀴노아가 충분히 익을 때까지 끓여 완성한다.

TIP

- 이유식용 퀴노아는 입자가 조금 있는 퀴노아 가루를 사용하면 좋아요.
- 퀴노아를 통곡으로 불려 사용할 경우에는 충분히 불린 뒤 불린 쌀과 함께 믹서에 넣어 중기 이유식 입자에 맞게 갈아 주세요.
- 죽이 되직하다면 채수 또는 물을 더해 쌀과 퀴노아가 충분히 익을 때까지 끓여 주세요.

중기 이유식 2단계

소고기 당근 페이스트 단호박 오이 토핑

Day 24

단호박은 식이섬유가 풍부해 아기의 장운동을 촉진하고, 오이는 90% 이상이 수분으로 이루어져 있어 수분 보충에 좋아요. 단호박과 오이를 토핑으로 얹어 주거나, 죽에 섞어 주면 색감도 예쁘고 영양도 더해진답니다.

재료 및 분량

- 현미밥죽 2회 분량 (120~160g)
- 단호박 40g
- 오이 30g
- 소고기 당근 페이스트 40g

1 단호박은 깨끗이 씻은 후 씨와 껍질을 제거한 뒤 적당한 크기로 썬다.

2 오이는 껍질을 벗기고, 양 끝을 잘라 낸 후 0.5cm 두께로 슬라이스한다.

3 김이 오른 미니 찜기에 오이와 단호박을 넣고 중강불에서 오이는 3분, 단호박은 10분 정도 푹 찐다.

4 찐 오이는 0.2~0.3cm 크기로 다지고, 단호박은 입자가 있게 으깨서 준비한다.

5 현미밥죽 위에 소고기 당근 페이스트와 함께 단호박과 오이 토핑을 올리거나, 각각 따로 담아 완성한다.

TIP

- 오이는 찌는 것이 번거롭다면 데치거나 전자레인지에 살짝 돌려도 괜찮습니다.
- 오이의 양 끝부분은 쓴맛이 있으니 반드시 잘라 내고 사용하세요.

소고기 당근 페이스트 연근 완두콩 토핑

Day 25

연근에 들어 있는 뮤신은 아기의 소화 기능을 돕고 변비 예방에도 좋아요. 완두콩은 단백질을 보충해 영양적으로 우수한 이유식을 만들 수 있습니다. 연근의 아삭한 식감은 아기의 저작 활동을 도와주고, 고소한 완두콩은 이유식의 맛을 더욱 풍부하게 해 준답니다.

재료 및 분량

- 현미밥죽 2회 분량 (120~160g)
- 연근 30g
- 완두콩 20g
- 소고기 당근 페이스트 40g

1 연근은 깨끗이 씻어 껍질을 벗긴 후 0.3cm 두께로 슬라이스한다. 식초 1/2작은술을 넣은 1컵 분량의 물에 담가 아린 맛을 제거한다.

2 연근을 끓는 물에 넣고 중불에서 15분 이상 삶는다.

3 완두콩은 깨끗이 씻어 냄비에 넣고, 잠길 정도로 물을 부은 후 중불에서 15분 정도 푹 익힌다. 삶은 완두콩의 껍질을 벗긴다.

4 삶은 연근은 0.2cm 크기로, 삶은 완두콩은 0.2~0.3cm 크기로 다지거나 초퍼에 넣어 중기 이유식 입자에 맞게 간다.

5 현미밥죽 위에 소고기 당근 페이스트와 함께 연근·완두콩 토핑을 올리거나, 각각 따로 담아 완성한다.

TIP

- 연근은 오래 삶아도 쉽게 무르지 않아요. 중기 이유식에 넣을 때는 중기 이유식 입자보다 더 작게, 곱게 다져 주면 아기들이 잘 먹습니다.
- 완두콩은 제철에만 잠깐 나오는 재료예요. 제철에 구입해 냉동해 두거나, 말린 완두콩을 불려 사용해도 좋습니다.

소고기 무 페이스트 케일 양송이 토핑

Day 26

케일은 철분이 풍부해 중기 이유식 아기들에게 철분 공급원으로 아주 좋아요. 양송이는 단백질과 아미노산이 풍부해 아기에게 다양한 영양분을 섭취할 수 있도록 도와주죠. 케일 토핑, 양송이 토핑을 각각 올리면 서로 다른 맛을 느낄 수 있어 아기에게 다양한 식감과 맛을 경험하게 해 줄 수 있어요.

재료 및 분량

- 현미밥죽 2회 분량 (120~160g)
- 케일 잎 부분 20g
- 갈색 양송이버섯 30g
- 소고기 무 페이스트 40g

1 갈색 양송이버섯은 흐르는 물에 가볍게 씻은 후 0.3cm 정도 두께로 썬다.

2 케일은 깨끗이 씻은 후 줄기 부분을 제거하고 잎 부분만 준비한다.

3 끓는 물에 케일, 갈색 양송이버섯을 2~3분 데친 후 0.2~0.3cm 크기로 다지거나 초퍼에 넣어 중기 이유식 입자에 맞게 간다.

4 현미밥죽 위에 소고기 무 페이스트와 함께 케일, 갈색 양송이버섯 토핑을 올리거나, 각각 따로 담아 완성한다.

TIP

- 케일은 줄기를 제거하고 잎 부분만 사용하세요.
- 갈색 양송이버섯 대신 흰 양송이버섯을 사용해도 좋습니다.
- 양송이버섯 겉에 이물질이 많으면 껍질을 벗겨 사용하는 것도 방법입니다.

닭고기 시금치 페이스트 무 고구마 토핑

Day 27

무는 비타민 C가 풍부하고, 소화를 도와주는 재료예요. 고구마는 부드럽고 식이섬유가 풍부해 장운동을 촉진해서 변비 예방에도 좋아요. 무 고구마 토핑은 아기들이 잘 먹는 이유식이랍니다.

재료 및 분량

- 퀴노아죽 2회 분량 (120~160g)
- 고구마 30g
- 무 20g
- 닭고기 시금치 페이스트 40g

1 고구마와 무는 깨끗이 씻어 껍질을 벗긴 후 0.3cm 정도 두께로 썬다.

2 김이 오른 미니 찜기에 고구마와 무를 넣고 8~10분 찐다.

3 찐 고구마와 무는 0.2~0.3cm 크기로 다지거나 초퍼에 넣어 중기 이유식 입자에 맞게 간다.

4 퀴노아죽 위에 닭고기 시금치 페이스트를 올리고, 무 고구마 토핑을 함께 얹거나 각각 따로 담아 완성한다.

TIP

- 고구마와 무는 찌는 대신 삶아도 됩니다.
- 무를 고를 때는 연둣빛이 많은 부분을 선택하세요. 무의 흰 부분은 시원하지만 약간 매운맛이 있을 수 있고, 연둣빛 부분은 햇빛을 많이 받아 단맛이 더 납니다.

닭고기 시금치 페이스트 사과 달걀 토핑

Day 28

달걀은 아기에게 새로운 식감을 경험하게 해 주는 동시에 고품질 단백질 공급원입니다. 사과는 수분이 많고 은은한 단맛과 산미가 있어 아기의 입맛을 돋우며 수분 보충에도 좋은 재료예요.

재료 및 분량

- 퀴노아죽 2회 분량 (120~160g)
- 닭고기 시금치 페이스트 40g
- 달걀노른자 30g
- 사과 20g

1 달걀은 15분 정도 삶은 후 껍질을 벗겨 노른자만 굵은 체에 내려서 준비한다.

2 사과는 껍질을 벗긴 후 0.2~0.3cm 크기로 다진다.

3 퀴노아죽 위에 닭고기 시금치 페이스트를 올리고 사과와 달걀노른자 토핑을 함께 얹거나 각각 따로 담아 완성한다.

TIP

- 달걀노른자가 너무 뻑뻑하다면 분유 물이나 물을 약간 섞어 촉촉하게 만들어 주세요.
- 사과는 중기 이후에는 데치거나 찌지 않고 생으로 줘도 되지만, 소화기관이 약한 아기라면 데치거나 쪄서 사용하는 것이 좋아요.

아이의 입맛을 한층 더 끌어올리는

후기 이유식

후기 이유식부터는 조리법을 다양하게 시도하는 것이 좋아요. 죽이나 토핑 소스만으로 계속 이유식을 만들면 아이가 쉽게 질릴 수 있답니다. 오트밀 포리지, 수프, 리조또, 토핑 소스 등 조리법을 달리하면 같은 재료라도 훨씬 더 다양하게 만들 수 있어요.

: 맛을 내는 천연 조미료 :

채소 농축 페스토

만능 베이스 ❶ · ② · ③ · ④

양파, 당근, 브로콜리, 사과, 애호박, 표고버섯 가루와 채수를 넣어 만든 채소 농축 페스토는 각 채소의 고유한 맛이 어우러져 은은한 단맛과 감칠맛으로 가득해요. 이유식을 만들 때마다 여러 가지 채소를 따로 준비하는 건 번거롭고 어렵게 느껴질 수 있죠. 하루 마음먹고 채소 농축 페스토를 넉넉히 만들어 두면, 필요할 때마다 한 스푼 넣어 간편하게 이유식의 맛을 한층 더 끌어올릴 수 있답니다.

재료 및 분량

- 양파 60g
- 당근 20g
- 브로콜리 30g
- 사과 50g
- 애호박 50g
- 표고버섯 가루 2g
- 채수 150ml

1 채소는 깨끗이 씻은 후 적당한 크기로 자른다. 브로콜리는 끓는 물에 넣고 중불에서 2분 정도 데친 후 찬물에 헹군다.

2 준비한 채소를 초퍼에 넣고, 중간 입자 크기로 갈아 준다.

3 냄비에 간 채소와 채수, 표고버섯 가루를 넣고 약불에서 15~17분 뭉근히 끓여 수분이 거의 없을 때까지 졸인다.

4 완성된 페스토는 식힌 후 보관 용기에 담거나, 20~30g씩 계량해서 실리콘 틀에 넣어 냉동 보관한다.

TIP

- 레시피에 있는 채소 그대로 사용해도 좋지만, 다른 채소를 추가해 우리 아기만의 채소 농축 페스토를 만들어 보세요.
- 아기가 싫어하는 채소도 한 가지씩 섞어 주면 거부감을 줄이는 데 도움이 됩니다.
- 채소 농축 페스토의 입자는 아기의 발달 단계에 따라 중기 이유식 입자 또는 후기 이유식 입자로 조절하세요.

: 감칠맛을 내는 천연 조미료 :

버섯 페스토

만능 베이스 1 · **2** · 3 · 4

표고버섯, 새송이버섯, 양파, 표고버섯 가루, 채수를 넣어 만든 감칠맛 가득한 버섯 페스토입니다. 이유식에 넣어도 좋고, 어른 요리에 활용해도 맛있어요. 소금 간을 하지 않았는데도 입안에서 깊은 맛이 느껴져, 아기 이유식의 풍미를 높여 줄 수 있답니다.

재료 및 분량

- 표고버섯 50g
- 새송이버섯 50g
- 양파 30g
- 표고버섯 가루 2g
- 채수 150ml

1 버섯과 양파를 적당한 크기로 썬 후 초퍼에 넣고, 후기 이유식 입자에 맞게 간다.

2 냄비에 간 재료와 채수, 표고버섯 가루를 넣고 약불에서 10~12분 끓여 버섯이 다 익고 수분이 거의 없어질 때까지 졸인다.

3 완성된 버섯 페스토는 식힌 후 보관 용기에 담거나, 20~30g씩 계량해서 실리콘 틀에 넣어 냉동 보관한다.

TIP

- 표고버섯, 새송이버섯 대신 양송이버섯, 느타리버섯 등으로도 만들 수 있습니다.
- 다진 소고기를 함께 넣으면 소고기 버섯 페스토로 변신해, 아기 이유식은 물론 어른 요리에도 다양하게 활용할 수 있어요.

: 진한 맛을 내는 천연 조미료 :

토마토 소스

만능 베이스 ①·②·❸·④

이유식에 토마토 소스 하나만 있어도 다양한 변화를 줄 수 있어요. 방울토마토로 새콤달콤한 소스를 만들고 싶을 때, 이유식에 넣을 수 있는 단맛 재료를 고민하다 떠올린 것이 바로 사과즙이에요. 토마토와 사과즙만 있으면 아기도 잘 먹고, 어른이 먹어도 맛있는 진한 토마토 소스를 만들 수 있답니다.

재료 및 분량

- 대추방울토마토 600g
- 사과즙 200g

1 대추방울토마토는 깨끗이 씻은 후 칼끝으로 콕콕 칼집을 넣고 끓는 물에 30초~1분 정도 데친다.

2 데친 대추방울토마토는 껍질을 벗긴 뒤 적당한 크기로 썰어 믹서에 간다.

3 간 토마토를 굵은 체에 밭쳐 씨를 제거한다.

4 냄비에 **3**의 토마토와 사과즙을 넣고, 센 불에서 끓이다가 끓어오르면 중약불로 줄인다. 1/2 양으로 졸아들 때까지 끓여 완성한다.

5 식힌 토마토 소스는 보관 용기 또는 20~30g씩 계량해서 실리콘 틀에 넣어 냉동 보관한다.

TIP

- 대추방울토마토 대신 일반 토마토를 사용해도 좋아요.
- 일반 토마토를 사용할 때는 빨갛게 잘 익은 완숙 토마토를 고르면 한층 더 진한 맛을 낼 수 있어요.
- 어떤 토마토를 사용하느냐에 따라 소스의 풍미가 달라질 수 있으니 취향에 맞게 선택하세요.

: 무설탕 천연 조미료 :

abc 소스

만능 베이스 ①·②·③·❹

사과, 당근, 비트 이 세 가지 이름만 들어도 건강함이 느껴지죠. 건강하고 정성 가득한 이유식을 만들어 주고 싶은 엄마의 마음에서 탄생한 무설탕 abc 소스입니다. 색감도 아름답고 맛도 좋아 수프, 아기 반찬, 이유식 등 어디에 넣어도 잘 어울려요.

재료 및 분량

- 사과 50g
- 당근 50g
- 비트 50g
- 채수 100ml

1 모든 재료를 깨끗이 씻은 후 적당한 크기로 자른다.

2 모두 믹서에 넣고 곱게 갈아 준다.

3 냄비에 간 재료와 채수를 넣고, 중불에서 끓이다가 끓어오르면 약불로 줄인다. 15~20분 정도 수분이 거의 없어질 때까지 뭉근하게 졸인다.

4 식힌 무설탕 abc 소스는 보관 용기 또는 20~30g씩 계량해서 실리콘 틀에 넣어 냉동 보관한다.

TIP

- 무설탕 abc 소스는 사과·당근·비트를 1:1:1 비율로 만들었습니다.
- 단맛을 더 원한다면 사과의 양을 늘려도 좋아요.
- 비트는 너무 큰 것보다는 단단하고 적당한 크기로 고르면 맛도 좋고 색도 더 예쁩니다.
- 아기 이유식은 물론 완료기 이후에도 다양하게 활용할 수 있어요.

abc 소스 바나나 포리지

Day 29

오트밀에 분유 물이나 물을 넣어 끓이거나 불려 만든 부드러운 죽 형태의 이유식입니다. 빠르고 간편하게 영양가 있는 한 끼를 준비할 수 있어 아침 식사나 간식으로 활용하기 좋아요. 여기에 abc 소스와 바나나를 곁들이면 간단하면서도 맛있는 이유식이 완성됩니다.

재료 및 분량

- 오트밀 40g
- 닭고기 시금치 페이스트 50g
- 아기 치즈 1장
- 분유 물 220ml
- 토핑: abc 소스 40g 바나나 1/2개

1 전자레인지 실리콘 찜기에 오트밀, 닭고기 시금치 페이스트, 분유 물을 넣고 잘 섞는다.

2 바나나는 0.3cm 두께로 모양대로 썬다.

3 **1**의 준비한 그릇을 전자레인지에 1분간 돌린 후 한 번 저어 준다. 치즈를 넣고 다시 1분간 돌린 뒤 저어 준다. 죽이 약간 묽으면 걸쭉해질 때까지 추가로 가열한다.

4 완성된 오트밀 위에 abc 소스와 바나나를 올려 완성한다.

TIP

- 오트밀 포리지를 만들 때는 오트밀 종류에 따라 필요한 수분 양이 달라질 수 있습니다. 되직하면 분유 물이나 물을 조금 더 넣어 조절하세요.
- 이유식용으로는 중간 입자로 갈아진 오트밀을 사용하면 적당합니다.

오트밀 버섯 페스토 치즈 포리지

Day 30

철분이 풍부한 오트밀에 버섯 페스토의 감칠맛을 더해 간단하고 빠르게 만들 수 있는 이유식입니다. 전자레인지용 용기에 넣고 조리하면 짧은 시간 안에 완성할 수 있어요. 빠르고 간단하지만 영양은 가득한 오트밀 버섯 페스토 치즈 포리지예요.

재료 및 분량

- 오트밀 40g
- 버섯 페스토 50g
- 분유 물 220ml
- 아기 치즈 1장

1 전자레인지 실리콘 찜기에 오트밀, 분유 물, 버섯 페스토를 넣고 잘 섞는다.

2 전자레인지에 1분간 돌린 후 한번 저어 준다. 다시 1분간 돌린 뒤 저어 준다. 죽이 약간 묽으면 걸쭉해질 때까지 추가로 가열한다.

3 아기 치즈를 그대로 올리거나, 귀여운 틀로 찍어 낸 치즈를 올려 완성한다.

TIP

- 오트밀 버섯 치즈 포리지는 다양한 토핑을 곁들여도 좋아요. 고구마, 단호박, 사과, 소고기, 닭고기 등을 올려 주면 아기가 여러 가지 맛을 경험할 수 있습니다.

소고기 당근 페이스트 감자 수프

Day 31

소고기 당근 페이스트와 감자를 넣어 부드럽게 만든 수프입니다. 감자의 포근한 맛과 소고기 당근 페이스트의 감칠맛이 잘 어우러져, 따뜻하게 끓여 내면 아기들이 특히 좋아하는 메뉴예요.

재료 및 분량

- 감자 100g
- 소고기 당근 페이스트 50g
- 분유 물 220ml
- 채수 200ml

1 감자는 0.2~0.3cm 두께로 얇게 채 썬다.

2 중약불에서 달군 냄비에 채수 100ml와 채 썬 감자를 넣어 볶으며 익힌다. 여기에 나머지 채수와 분유 물, 소고기 당근 페이스트를 넣는다.

3 중약불에서 약 10분간 감자가 익을 때까지 끓인 뒤 핸드 블렌더로 곱게 간다.

4 간 수프를 다시 1~2분 정도 끓여 완성한다.

TIP

- 감자 대신 고구마를 넣거나, 당근이 제철일 때는 당근을 활용해도 맛있습니다.
- 여러 가지 재료로 수프를 만들어 보면 아기가 특히 좋아하는 맛을 발견할 수 있어요.

채소 농축 페스토 단호박 오트밀 수프

Day 32

채소 농축 페스토의 감칠맛과 단호박의 단맛에 오트밀의 고소한 풍미를 더해, 부드럽고 고소한 단호박 오트밀 수프를 완성했습니다. 오트밀이 농도를 맞춰 주어 한층 더 든든한 이유식이 돼요.

재료 및 분량

- 단호박 100g
- 채소 농축 페스토 25g
- 분유 물 150ml
- 오트밀 가루 5g

1 단호박은 껍질을 벗기고, 적당한 크기로 자른 후 김 오른 미니 찜기 위에 올려 중불에서 10~12분 정도 푹 찐다.

2 믹서에 찐 단호박, 오트밀 가루, 채소 농축 페스토, 분유 물 150ml를 넣고 곱게 간다.

3 냄비에 **2**를 넣고 센 불에서 끓이다가 끓어오르면 중약불로 줄여 10~12분 더 끓여 완성한다.

TIP

- 수프의 농도를 맞출 때 오트밀 가루를 넣으면 고소한 맛이 더해집니다.
- 오트밀 가루가 없다면 쌀가루로 대체해도 좋아요.

소고기 당근 페이스트 들깨 무 진밥

Day 33

무와 들깻가루, 밥을 넣어 만든 진밥입니다. 들깻가루를 더하면 고소하면서도 깊은 맛이 나요. 채수 대신 분유 물과 치즈를 넣으면 부드럽고 고소한 들깨 크림 리조또로도 만들 수 있습니다.

재료 및 분량

- 밥 100g
- 무 50g
- 들깻가루 10g
- 소고기 당근 페이스트 60g
- 채수 200ml

1 무는 0.3~0.5cm 크기로 후기 이유식 입자에 맞게 썬다.

2 팬에 채수 50ml와 무를 넣고 수분이 거의 없어질 때까지 볶듯이 끓여 익힌다.

3 밥, 소고기 당근 페이스트, 나머지 채수를 넣어 끓이다가 마지막에 들깻가루를 넣고 볶아 완성한다.

TIP

- 오일 대신 채수로 무를 볶아 주세요. 채수를 조금씩 넣어 가며 볶으면 무의 단맛을 살리면서도 식감을 지킬 수 있어요.
- 아기가 더 부드럽게 먹기를 원한다면 들깻가루를 체에 한번 내려 사용해도 좋아요.

닭고기 애호박 페이스트 가지 숙주 진밥

Day 34

닭고기 애호박 페이스트 가지 숙주 진밥은 가지의 부드러움과 숙주의 아삭함이 어우러진 메뉴입니다. 가지와 숙주는 식이섬유가 풍부해 아기의 장 건강에도 도움이 돼요. 다양한 식감을 경험할 수 있는 가지 숙주 진밥을 만들어 보세요.

재료 및 분량

- 밥 100g
- 가지 30g
- 숙주 30g
- 닭고기 애호박 페이스트 50g
- 닭고기 육수 200ml

1 가지는 0.3~0.5cm 크기로 후기 이유식 입자에 맞게 자르고, 숙주는 꼬리 부분을 떼어 낸 뒤 1cm 길이로 썬다.

2 냄비에 닭고기 육수 50ml, **1**의 가지를 넣고 볶다가 숙주를 넣어 볶으며 익힌다.

3 밥, 닭고기 애호박 페이스트, 나머지 닭고기 육수를 넣고 끓여 완성한다.

TIP

- 가지를 더 부드럽게 만들고 싶다면 껍질을 벗겨 넣으세요. 껍질을 제거하면 훨씬 부드럽게 조리됩니다.
- 절반은 껍질을 그대로, 절반은 껍질을 벗겨 넣으면 아기가 다양한 식감을 경험할 수 있어요.

소고기 무 페이스트 아보카도 진밥

Day 35

아보카도는 불포화지방산이 풍부해 아기에게 꼭 필요한 좋은 지방을 공급해 줘요. 또한 부드럽고 곱게 으깨져 소화도 쉬운 편이라, 이유식부터 완료기 이후까지 폭넓게 활용할 수 있는 식재료랍니다. 아기들도 아보카도가 들어간 이유식은 잘 먹어요.

재료 및 분량

- 밥 100g
- 아보카도 50g
- 소고기 무 페이스트 50g
- 채수 200ml

1 아보카도는 반으로 자른 후 칼끝을 씨에 가볍게 탁 찍어 살짝 돌려 빼낸다.

2 잘 익은 아보카도는 0.3~0.5cm 크기로 후기 이유식 입자에 맞게 자른다.

3 냄비에 소고기 무 페이스트, 밥, 아보카도, 채수를 넣고 끓여 완성한다.

TIP

- 아보카도를 고를 때는 과하게 딱딱하거나 무르지 않은 것을 고르고, 껍질이 깨끗하고 신선한 것을 선택하세요.
- 너무 익은 아보카도보다는 덜 익은 것을 사서 실온에 두고 후숙해 사용하는 것이 좋아요.

버섯 페스토 아스파라거스 리조또

Day 36

아스파라거스에는 아미노산인 아스파라긴산이 풍부하게 들어 있으며, 다양한 영양소가 가득해 이유식에 좋은 식재료예요. 적절히 익히면 부드러우면서도 아삭한 식감이 남아 있어 아기의 씹기 연습에도 좋아요. 버섯 페스토와 아기용 치즈, 분유 물을 더해 크림 리조또처럼 만든 이유식 메뉴입니다.

재료 및 분량

- 밥 100g
- 아스파라거스 40g
- 버섯 페스토 50g
- 아기용 치즈 1장
- 채수 100ml
- 분유 물 100ml

1 아스파라거스는 밑부분 2cm를 잘라 내고, 섬유질은 감자 필러로 제거한 뒤 0.4~0.5cm 크기의 후기 이유식 입자에 맞게 자른다.

2 중약불에서 달군 팬에 채수와 아스파라거스를 넣어 익힌다.

3 **2**에 밥, 버섯 페스토, 분유 물을 넣고 중약불에서 7~8분 정도 끓이다가 마지막에 아기용 치즈를 넣어 마무리한다.

TIP

- 아스파라거스는 밑부분이 질기므로 반드시 제거하세요.
- 이유식용 아스파라거스는 두꺼운 것보다 얇은 것이 좋아요. 얇은 아스파라거스는 아삭하면서도 부드럽게 조리됩니다.

후기 이유식 2단계

토마토 소스 두부 양배추 리조또

Day 37

두부, 양배추 그리고 토마토 소스를 넣어 토마토 리조또처럼 만든 이유식 메뉴입니다. 두부의 고소함, 양배추의 아삭함, 토마토 소스의 새콤달콤함이 어우러져 아기들에게 인기가 많은 메뉴예요.

재료 및 분량

- 밥 100g
- 두부 50g
- 양배추 30g
- 채소 농축 페스토 30g
- 토마토 소스 100g
- 채수 200ml

1 두부와 양배추는 0.4~0.5cm 크기로 후기 이유식 입자에 맞게 자른다.

2 중약불로 달군 냄비에 두부, 양배추, 채소 농축 페스토, 채수를 넣어 끓어오를 때까지 저어 가며 끓인다.

3 **2**에 토마토 소스와 밥을 넣어 걸쭉해질 때까지 끓인 후 완성한다.

TIP

- 로제 소스 느낌을 주고 싶다면 채수 대신 분유 물을 사용하고 치즈를 넣어 보세요. 색다른 맛의 로제 소스 리조또가 완성됩니다.

닭고기 애호박 페이스트 우엉 적근대 토핑 소스 Day 38

덮밥 소스처럼 만든 닭고기 애호박 페이스트 우엉 적근대 토핑 소스입니다. 닭고기의 담백함, 우엉의 아삭한 식감, 적근대의 색감까지 어우러져 진밥 위에 올려 쓱쓱 비벼 주면 아기들이 다양한 재료를 거부감 없이 잘 먹어요.

재료 및 분량

- 닭고기 애호박 페이스트 50g
- 우엉 30g
- 적근대 잎 부분 30g
- 닭고기 육수 200ml
- 진밥 160~200g
- 전분물: 감자 전분 3g + 물 15ml

1 우엉은 껍질을 벗겨 0.2cm 두께로 자르고, 적근대는 줄기를 잘라 내고 잎 부분만 준비한다.

2 볼에 물과 감자 전분을 넣고 고루 섞어 전분물을 만들어 둔다.

3 냄비에 물 2컵을 넣고 적근대를 1분 정도 먼저 데친 후, 식초 1/3작은술을 넣고 우엉을 10분 정도 삶아 건진다.

4 적근대는 0.4~0.5cm 크기로 후기 이유식 입자에 맞게 자르고, 우엉은 0.2~0.3cm 크기로 조금 더 곱게 다진다.

5 팬에 닭고기 애호박 페이스트, 우엉, 닭고기 육수, 다진 적근대 잎을 넣어 국물이 자작해질 때까지 볶다가 전분물을 넣고 걸쭉해질 때까지 끓인 후 진밥 위에 올려 완성한다.

TIP

- 우엉은 삶아도 질긴 식감이 남을 수 있으니 다른 재료보다 곱게 다져 주세요. 그래야 아기가 거부감 없이 먹을 수 있어요.

후기 이유식 2단계

소고기 무 페이스트 달걀 버섯 토핑 소스 Day 39

달걀 버섯 토핑 소스는 만가닥버섯과 달걀을 넣어 만든 토핑 소스입니다. 감자 전분물 대신 달걀을 풀어 넣어 더 부드럽게 완성했어요. 달걀의 부드러움과 버섯의 쫄깃한 식감이 잘 어우러지는 영양 가득 토핑 소스랍니다.

재료 및 분량

- 소고기 무 페이스트 50g
- 만가닥버섯 50g
- 달걀 1개
- 소고기 육수 200ml
- 진밥 2회 분량 (160~200g)

1 만가닥버섯은 흐르는 물에 가볍게 씻어 0.4~0.5cm로 후기 이유식 입자 크기에 맞게 자른다.

2 달걀은 곱게 풀어 둔다.

3 팬에 소고기 육수 100ml, 만가닥버섯을 넣고 버섯이 익을 정도로 볶듯이 익힌다.

4 **3**에 소고기 무 페이스트와 나머지 소고기 육수를 넣어 볶다가 달걀을 넣고 익힌 후 진밥 위에 올려 완성한다.

TIP

- 달걀의 식감을 부드럽게 만들어 주고 싶다면, 달걀에 분유 물을 약간 섞어 주세요. 훨씬 부드러운 달걀 토핑을 만들 수 있어요.

닭고기 애호박 페이스트

고구마 브로콜리 토핑 소스

후기 이유식 2단계

Day 40

닭고기, 고구마, 브로콜리를 넣어 만든 달콤한 토핑 소스입니다. 고구마의 단맛이 이 토핑 소스의 맛을 좌우하니 달큰하고 맛있는 고구마를 골라 사용해 보세요. 아기들이 특히 잘 먹는 인기 메뉴예요.

재료 및 분량

- 닭고기 애호박 페이스트 50g
- 고구마 40g
- 브로콜리 꽃송이 30g
- 닭고기 육수 220ml
- 진밥 2회 분량 (160~200g)
- 전분물: 감자 전분 3g + 물 15ml

1 브로콜리 줄기를 제거하고 꽃송이 부분만 준비한다. 고구마는 껍질을 벗겨 0.5cm 두께로 썬다. 냄비에 물 1과 1/2컵을 넣고 브로콜리와 고구마를 1분 정도 데친다.

2 고구마와 브로콜리는 0.4~0.5cm 크기로 후기 이유식 입자에 맞게 자른다.

3 볼에 물과 감자 전분을 넣고 고루 섞어 전분물을 만들어 둔다.

4 팬에 모든 재료를 넣고 국물이 자작해지도록 볶다가 전분물을 넣어 걸쭉해질 때까지 끓인 후 진밥 위에 올려 완성한다.

TIP

- 고구마 대신 옥수수를 넣어도 좋아요. 특히 초당 옥수수가 제철일 때 다져 넣으면 달콤해서 아기들이 잘 먹습니다.
- 시중에 나오는 유기농 옥수수 병조림도 맛과 영양이 좋아 대체 재료로 활용하기 좋아요.

후기 이유식 2단계

abc 소스 새우살 핑크 토핑 소스

Day 41

새우살과 아스파라거스, abc 소스, 치즈를 넣어 핑크색의 토핑 소스를 만들었어요. 새우와 아스파라거스의 식감에 abc 소스의 진한 맛과 색이 더해져 아기들이 특히 좋아하는 메뉴랍니다. 다양한 색감의 토핑 소스를 활용해 보세요.

재료 및 분량

- 손질 새우 80g
- 아스파라거스 40g
- 채소 농축 페스토 30g
- abc 소스 30g
- 채수 100ml
- 분유 물 100ml
- 아기 치즈 1장
- 진밥 2회 분량 (160~200g)

1 아스파라거스는 밑부분 2cm를 잘라 내고, 섬유질은 감자 필러로 제거한 뒤 0.4~0.5cm 크기로 후기 이유식 입자에 맞게 자른다.

2 손질된 새우는 0.3~0.5cm 크기로 다진다.

3 팬에 채수 50ml, 다진 아스파라거스와 새우를 넣어 볶으며 익힌다.

4 3에 채소 농축 페스토, abc 소스, 나머지 채수, 분유물을 넣어 끓이다가 마지막에 아기 치즈를 넣어 국물이 자작해질 때까지 볶은 후 진밥 위에 올려 완성한다.

TIP

- 요즘은 껍질과 내장까지 손질된 새우가 시중에 잘 나와 있어 편리하게 사용할 수 있어요.
- 새우 대신 대구살, 게살 등을 넣어도 맛있게 만들 수 있어요.

버섯 페스토 대구살 참깨 토핑 소스

Day 42

대구살과 참깨를 넣어 고소한 맛이 으뜸인 토핑 소스입니다. 참깨에는 건강한 불포화지방산과 식물성 단백질이 풍부해요. 참깨를 곱게 갈아 넣으면 부드러우면서도 고소한 질감이 살아나 아기가 새로운 맛과 감각을 경험할 수 있답니다.

재료 및 분량

- 이유식용 대구살 60g
- 버섯 페스토 50g
- 양파 30g
- 채수 220ml
- 참깨 10g
- 진밥 2회 분량 (160~200g)
- 전분물: 감자 전분 3g + 물 15ml

1 양파는 0.4~0.5cm 크기로 후기 이유식 입자에 맞게 다지고, 참깨는 곱게 간다.

2 팬에 채수 50ml와 다진 양파를 넣고 볶다가 대구살을 넣어 함께 볶는다.

3 버섯 페스토, 나머지 채수, 참깨를 넣고 국물이 자작해질 때까지 끓인다.

4 전분물을 넣어 걸쭉해질 때까지 끓인 후 진밥 위에 올려 완성한다.

TIP

- 참깨는 사용할 때 바로 갈아서 넣어야 고소한 맛이 훨씬 풍부합니다. 미리 갈아 두면 산패되어 향과 맛이 떨어지고, 건강에도 좋지 않을 수 있으니 주의하세요.

아이의 입맛을 자극하는

완료기 이유식

완료기 이유식 때는 세끼를 모두 밥으로 준비하기가 쉽지 않아요. 그래서 저는 만능 소스를 미리 만들어 두고 활용했답니다. 아침에는 간단한 주먹밥과 제철 재료로 만든 수프를 자주 준비했고, 점심에는 국수, 파스타, 덮밥 같은 간단한 한 그릇 요리를 주로 만들었어요. 만능 소스를 활용하면 완료기 이유식을 편하고 쉽게 준비할 수 있어요.

: 간을 안 해도 달콤한 :

불고기 소보로 소스

만능 베이스 ❶ · ② · ③ · ④

다진 소고기에 배, 사과, 양파, 대파를 갈아 넣어 만든 불고기 소보로 소스입니다. 보통 집에서 만드는 불고기 양념에서 간장과 단맛만 빠졌다고 생각하면 돼요. 간장도 안 들어갔는데 맛이 있을까 싶지만, 배·사과·양파·대파를 갈아서 다진 소고기에 버무려 재우면 재료의 맛이 스며들어 부드럽고 맛있는 소보로 소스가 완성된답니다.

재료 및 분량

- 다진 소고기 100g
- 배 50g
- 사과 50g
- 양파 50g
- 대파 흰 부분 15g

1 다진 소고기는 키친타월에 감싸 핏물을 제거한다.

2 배, 사과, 양파, 대파 흰 부분은 믹서에 넣고 곱게 간다.

3 다진 소고기에 간 재료를 모두 넣고 버무려 냉장고에서 30분 이상 재운다.

4 중약불로 달군 팬에 **3**을 넣고 고기가 익을 때까지 볶는다. 이때 수분이 부족하면 채수 또는 육수를 넣고 볶은 다음 식힌다.

5 완성된 소스를 보관 용기나 20~30g씩 계량해서 실리콘 틀에 넣어 냉동 보관한다.

TIP

- 다진 소고기 대신 닭 가슴살이나 닭 안심을 사용해 닭고기 소보로 소스를 만들어도 좋아요. 소고기와는 또 다른 매력의 맛을 낼 수 있습니다.

: 간을 안 해도 짭짤한 :

소고기 라구 소스

만능 베이스 ① · ❷ · ③ · ④

다진 소고기, 토마토, 양파, 사과, 당근, 마늘을 넣어 만든 소고기 라구 소스입니다. 소금을 넣지 않았을 뿐, 일반 라구 소스와 크게 다르지 않아요. 토마토의 감칠맛이 더해져 깊은 맛을 느낄 수 있으며, 완료기 요리에 유용하게 쓸 수 있는 만능 소스 중 하나예요.

재료 및 분량

- 다진 소고기 100g
- 토마토 300g
- 양파 50g
- 사과 30g
- 당근 30g
- 마늘 1쪽
- 채수 100ml

1 양파, 당근, 사과는 0.3~0.5cm 크기로 다지고, 마늘도 곱게 다진다.

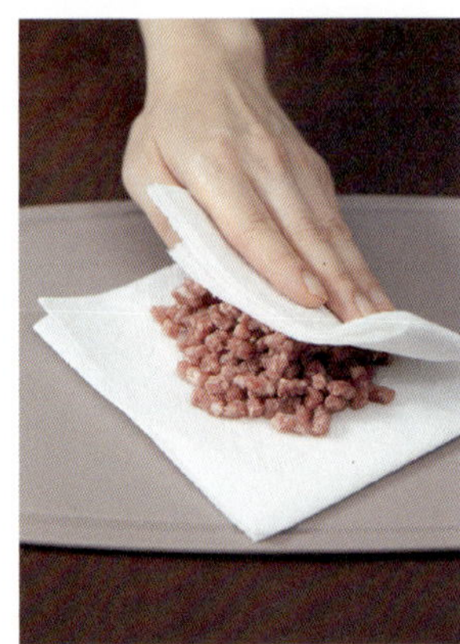

2 다진 소고기는 키친타월로 감싸 핏물을 제거한다.

3 토마토는 열십자 칼집을 내고 끓는 물에 데쳐 껍질을 벗기고, 적당한 크기로 잘라 곱게 간 다음 체에 걸러 씨를 제거한다.

4 팬에 채수와 양파, 당근, 사과, 마늘을 넣고 채소가 투명해질 때까지 볶는다. 이어서 다진 소고기를 넣어 볶는다.

5 토마토를 넣고 중약불에서 수분이 거의 없어질 때까지 10~12분 정도 끓인 다음 식힌다.

6 완성된 소스를 보관 용기나 20~30g씩 계량해서 실리콘 틀에 넣어 냉동 보관한다.

TIP

- 토마토의 진한 맛을 더하고 싶다면, 앞에서 만든 토마토 소스를 첨가해도 좋아요.
- 수분이 최대한 없어질 때까지 약불에서 오래 끓여야 깊은 맛의 소고기 라구 소스를 만들 수 있습니다.

: 간을 안 해도 맛있는 :

어니언 애플 소스

만능 베이스 ① · ② · ❸ · ④

양파와 사과 두 가지 재료로 만든 어니언 애플 소스입니다. 양파는 볶거나 끓일수록 단맛이 강해집니다. 사과와 함께 곱게 갈아 은은한 약불에서 졸이면 채소와 과일의 단맛이 한층 살아나요. 어니언 애플 소스는 고기나 생선 요리에 양념처럼 넣어 주면 고기의 누린내와 생선의 비린내를 잡아 준답니다.

재료 및 분량

- 양파 100g
- 사과 100g
- 채수 100ml

1 양파와 사과를 적당한 크기로 자른 뒤 믹서나 초퍼에 넣고 곱게 간다.

2 중불로 달군 팬이나 냄비에 간 양파와 사과, 채수를 넣고 끓인다. 끓어오르면 중약불로 줄여 10~12분간 수분이 거의 없어질 때까지 졸인 뒤 식힌다.

3 완성된 소스를 보관 용기나 20~30g씩 계량해서 실리콘 틀에 넣어 냉동 보관한다.

TIP

- 어니언 애플 소스에서 사과 대신 배를 넣어도 좋아요.
- 완료기에는 반찬을 자주 만들게 되는데, 이 소스를 만능 양념처럼 조금씩 넣으면 아기 반찬이 훨씬 맛있어집니다.

: 간을 안 해도 고소한 :

밥새우 김뿌림 소스

만능 베이스 ①·②·③·❹

밥새우, 김, 깨 등 세 가지 재료로 만든 뿌림 소스입니다. 작은 밥새우는 부드러워 이유식 재료로 많이 사용돼요. 밥새우에 마른 김과 고소한 깨를 넣어 곱게 갈아 주면 끝!

재료 및 분량

- 밥새우 50g
- 마른 구운 김 4장
- 깨 50g

1 밥새우는 기름을 두르지 않은 팬에 넣고 수분이 날아갈 때까지 바삭하게 볶는다.

2 초퍼에 볶은 밥새우, 마른 구운 김, 깨를 넣고 곱게 간다.

3 완성된 소스를 보관 용기에 담은 후 냉동 보관한다.

TIP

- 밥새우는 구입 후 먼저 맛을 보세요. 밥새우마다 간이 달라 짠맛이 강한 경우가 있어요. 짠맛이 강하다면 물에 가볍게 헹군 뒤 마른 팬에 볶아 수분을 날려 사용하세요.
- 견과류를 먹어 본 아기라면 깨 대신 땅콩, 캐슈넛, 아몬드를 넣어 갈아 주면 더 고소한 맛을 낼 수 있습니다.

불고기 소보로 소스 무국

Day 43

불고기 소보로 소스와 무를 넣어 만든 간단한 국이에요. 불고기 소보로 소스 대신 닭고기 페이스트, 소고기 페이스트를 넣어도 간단하게 만들 수 있어요. 무 대신에 애호박이나 감자 등 집에 있는 다양한 채소를 넣고 끓여도 맛있답니다.

재료 및 분량

- 불고기 소보로 소스 40g
- 무 30g
- 소고기 육수 300ml

1 무는 사방 0.5~0.7cm 크기로 잘라서 준비한다.

2 냄비에 불고기 소보로 소스, 무, 소고기 육수를 넣는다.

3 중불에서 무가 익을 때까지 끓여 완성한다.

TIP

- 불고기 소보로 소스가 없다면 다진 소고기나 국거리용 소고기를 넣고 끓여 주세요.
- 시간이 없을 때는 무를 채 썰어 넣으면 더 빠르게 완성할 수 있어요.

채수 애호박 새우 완자탕

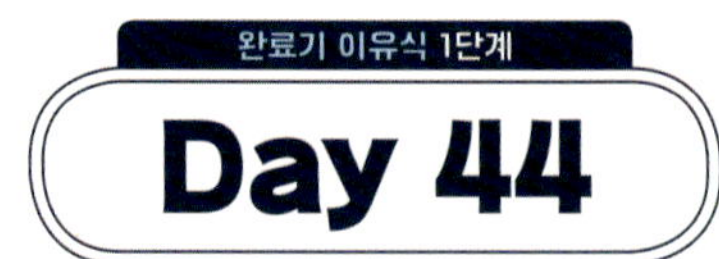

손질 새우를 곱게 다진 후 애호박과 양파를 넣고 완자를 만들었어요. 채수에 넣고 끓이면 시원하면서도 깔끔한 맛이 나고, 새우가 탱글탱글 씹히는 식감이 재미있어요. 아기들에게도 새로운 식감 경험이 될 거예요.

재료 및 분량

- 손질 새우 100g
- 양파 10g
- 애호박 50g
- 감자 전분 6g
- 채수 400ml

1 양파는 곱게 다지고, 애호박의 반은 곱게 다지고, 나머지 반은 최대한 얇게 채 썬다.

2 손질 새우를 곱게 다진 후, 다진 양파와 다진 애호박, 감자 전분을 넣고 치댄다.

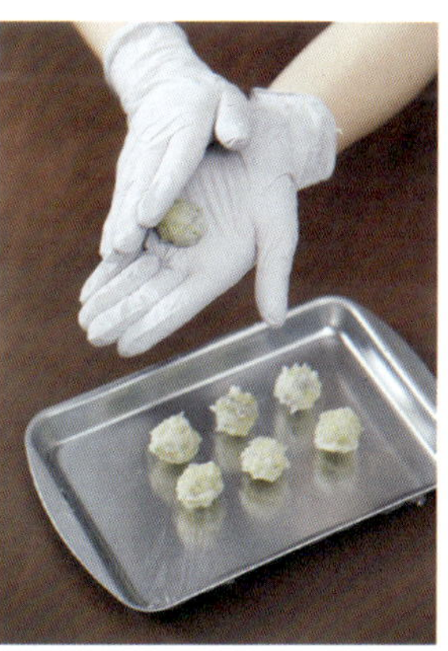

3 치댄 새우 반죽을 아기 한입 크기로 동그랗게 빚는다.

4 냄비에 채수와 채 썬 애호박을 넣고 중불에서 끓이다가, 완자를 넣고 중약불에서 새우가 익을 때까지 끓여 완성한다.

TIP

- 새우 완자에 애호박 대신 다른 채소를 넣어도 좋아요.
- 채소 양이 많아지면 전분을 조금 더 넣어 반죽하세요. 채소 수분 때문에 완자 모양이 흐트러질 수 있거든요.

토마토 소스 게살 수프

Day 45

완두콩, 게살, 콜리플라워, 토마토 소스를 넣고 밥으로 농도를 맞춘 수프예요. 토마토 소스의 새콤함이 더해져 산뜻하고, 여러 채소가 어우러져 한 입에 다양한 맛을 느낄 수 있답니다.

재료 및 분량

- 게살 60g
- 완두콩 15g
- 콜리플라워 30g
- 채소 농축 페스토 20g
- 토마토 소스 60g
- 밥 50g
- 채수 300ml

1 냄비에 물 2컵을 끓여 콜리플라워는 2분 정도 데치고, 완두콩은 15분간 푹 익힌다.

2 데친 콜리플라워는 작은 크기로 자른다.

3 삶은 완두콩은 껍질을 벗겨서 준비한다.

4 냄비에 게살과 모든 재료를 넣고 약불에서 농도가 걸쭉해질 때까지 끓여 완성한다.

TIP

- 게살은 이유식용으로 곱게 다져 냉동 블록으로 판매되는 것을 사용하면 간편해요.
- 게살뿐 아니라 대구살, 새우도 냉동 블록 제품을 활용하면 보관과 사용이 훨씬 효율적이에요.

어니언 애플 소스 **버섯 불고기**

Day 46

버섯 불고기는 부드러운 샤브샤브용 소고기로 만들었어요. 얇게 썬 소고기는 완료기 이유식 반찬으로 유용하게 쓸 수 있는 식재료랍니다. 여기에 어니언 애플 소스를 넣으면 고기의 누린내를 잡아 주고, 연육 작용까지 되어 더욱 부드럽게 즐길 수 있어요. 표고버섯과 당근을 넣어 식감과 색감도 살렸습니다.

재료 및 분량

- 샤브샤브용 소고기 100g
- 표고버섯 15g
- 당근 15g
- 배즙 50ml
- 어니언 애플 소스 40g
- 채수 60ml

1 표고버섯과 당근은 0.2cm 두께로 얇게 채 썬다.

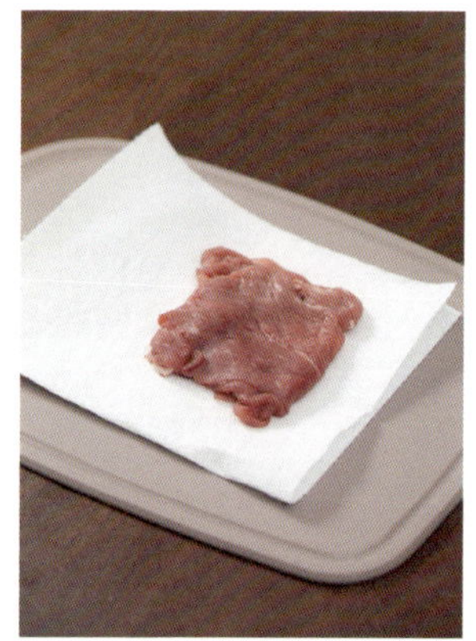

2 샤브샤브용 소고기는 키친타월로 감싸 핏물을 제거한다.

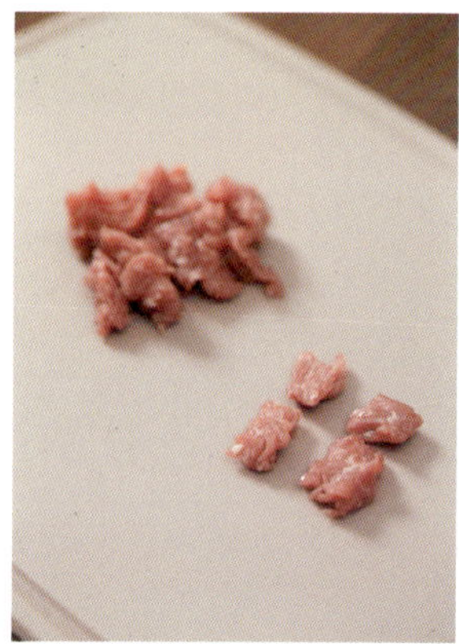

3 샤브샤브용 소고기는 사방 0.5~0.7cm 크기로 자른다.

4 자른 소고기에 배즙과 어니언 애플 소스를 넣고 버무려 냉장고에서 30분간 재운다.

5 팬에 채수를 넣고 재워 둔 고기, 채 썬 표고버섯, 채 썬 당근을 함께 넣어 중불에서 재료가 익을 때까지 볶아 완성한다.

TIP

- 표고버섯과 당근은 최대한 얇게 썰어 주세요. 그래야 고기와 함께 잘 어우러져 먹기 좋고, 아기가 다양한 맛과 식감을 골고루 경험할 수 있어요.

토마토 소스 미니 미트볼

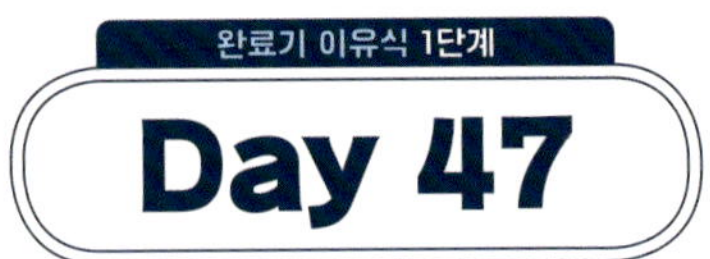

다진 소고기와 다진 돼지고기에 밀가루 대신 밥을 넣어 반죽의 농도를 맞췄어요. 저는 이유식을 할 때 미니 미트볼을 자주 해 줬는데, 아기가 워낙 좋아했거든요. 아기 치즈를 올려 치즈 미니 미트볼을 만들기도 하고, 우유와 치즈를 넣어 로제 소스 미트볼을 만들기도 했답니다. 동글동글 한입에 쏙 들어가게 만들면 아기가 혼자서도 잘 먹어요.

재료 및 분량

- 다진 소고기 50g
- 다진 돼지고기 50g
- 밥 30g
- 채소 농축 페스토 30g
- 토마토 소스 100g
- 채수 50ml
- 현미유 약간

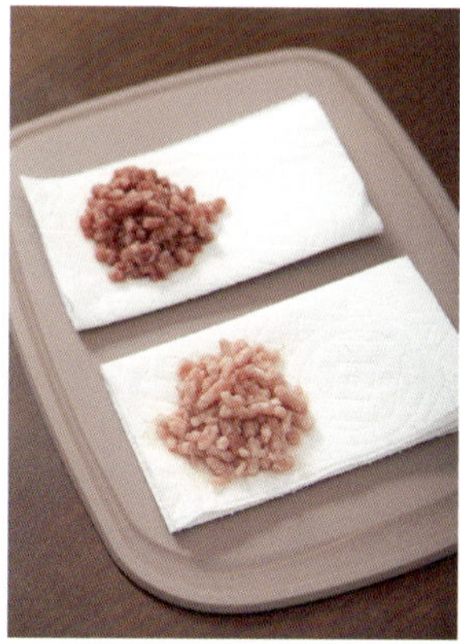

1 다진 소고기와 돼지고기는 키친타월에 감싸 핏물을 제거한다.

2 볼에 다진 소고기, 다진 돼지고기, 식힌 밥, 채소 농축 페스토를 넣고 잘 치댄다.

3 반죽은 아기 한입 크기의 미니 미트볼 모양으로 만든다.

4 중약불로 달군 팬에 현미유를 두르고, 미트볼을 올려 앞뒤로 노릇하게 익힌다.

5 **4**에 채수를 넣고 약불에서 뚜껑을 닫아 5~6분 정도 익힌다. 중간에 팬을 가볍게 흔들어 미트볼이 눌어붙지 않게 한다.

6 토마토 소스를 넣고 볶아 완성한다.

TIP

- 미니 미트볼은 소스를 넣기 전, 반으로 갈라 속까지 잘 익었는지 확인해 주세요. 겉은 익은 것처럼 보여도 속이 덜 익었을 수 있어요.
- 너무 센 불에서는 겉은 타고 속은 익지 않을 수 있으니, 중약불에서 뭉근히 익혀야 해요.

밥새우 김뿌림 소스 부추 달걀 밥찜

Day 48

부추 달걀 밥찜은 바쁜 아침에 해 주기 좋은 메뉴예요. 전자레인지 용기에 달걀, 밥, 우유, 채소만 넣고 돌리면 완성이니, 이보다 쉬운 메뉴는 없더라고요. 시간이 여유롭지 않을 때 후다닥 만들어 먹이기에도 좋고, 달걀과 채소가 들어가 영양적으로도 훌륭해요.

재료 및 분량

- 채소 농축 페스토 50g
- 달걀 2개
- 우유 20ml
- 밥 100g
- 부추 5g
- 밥새우 김뿌림 소스 2g

1 부추는 0.3cm 크기로 송송 썬다.

2 전자레인지 실리콘 찜기에 채소 농축 페스토, 달걀, 우유, 밥, 부추를 넣고 잘 섞는다.

3 전자레인지에 1분 돌린 후 꺼내 잘 저어 준다. 다시 1분 돌려 익히고, 덜 익었으면 추가로 더 돌려 완전히 익힌다.

4 완성된 부추 달걀 밥찜은 완성된 모양 그대로 또는 케이크처럼 먹기 좋은 크기로 자른 뒤 김뿌림 소스를 뿌려 완성한다.

TIP

- 부추 대신 다양한 채소를 넣어도 좋아요. 냉장고 속 신선한 채소를 활용해 보세요.
- 불고기 소보로 소스를 함께 넣어 주면 또 다른 풍미를 낼 수 있습니다.

밥새우 김뿌림 소스 애호박 무침

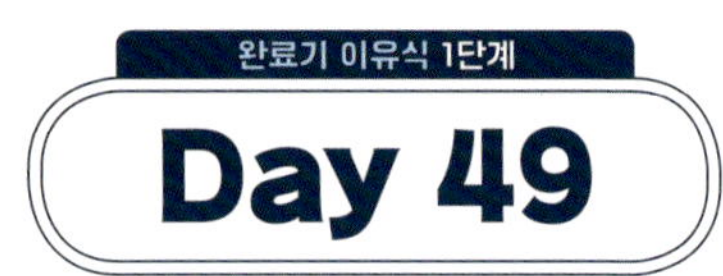

밥새우 김뿌림 소스 하나만 만들어 두면 정말 쉽고 간단하게 만들 수 있는 반찬이에요. 애호박, 당근, 양파는 집에 늘 있는 재료죠. 이 세 가지 채소를 먹기 좋은 크기로 썰어 익힌 뒤, 밥새우 김뿌림 소스에 버무리면 완성된답니다.

재료 및 분량

- 애호박 70g
- 당근 30g
- 양파 30g
- 채수 120ml
- 밥새우 김뿌림 소스 10g

1 애호박, 당근, 양파는 사방 0.5~0.7cm 크기로 썬다.

2 냄비에 채수와 썬 채소를 넣어 수분이 거의 없어질 때까지 볶는다.

3 **2**에 밥새우 김뿌림 소스를 넣고 버무려 완성한다.

TIP

- 마지막에 참기름 몇 방울을 넣으면 고소한 맛이 더해져요.
- 들깻가루를 넣을 경우 채수를 조금 더 넣어 잘 버무리면, 촉촉한 애호박 밥새우 김뿌림 소스 무침을 만들 수 있어요.

소고기 라구 소스 스크램블드에그 오므라이스 Day 50

소고기 라구 소스를 미리 만들어 두면 빠르게 오므라이스를 준비할 수 있어요. 달걀에 우유를 넣어 부드러운 스크램블드에그를 만들어요. 그 위에 소고기 라구 소스를 올리고 토마토 소스를 뿌리면 정말 맛있는 스크램블드에그 오므라이스가 된답니다.

재료 및 분량

- 밥 120g
- 소고기 라구 소스 100g
- 달걀 2개
- 우유 30ml
- 토마토 소스 40g
- 현미유 약간

1 볼에 달걀, 우유를 넣어 잘 풀어 둔다.

2 약하게 달군 팬에 현미유를 두른 후 곱게 푼 달걀물을 넣어 부드럽게 스크램블드에그를 만든다.

3 다른 팬에 밥과 소고기 라구 소스를 넣고 볶아 완성한다.

4 볶은 밥 위에 스크램블드에그를 올리고, 토마토 소스를 뿌려 완성한다.

TIP

- 따뜻한 열기가 남아 있을 때 아기 치즈를 올려 보세요. 오므라이스 위에 치즈를 올린 뒤 따뜻한 스크램블드에그를 얹으면 치즈가 적당히 녹아 더 맛있게 즐길 수 있답니다.

소고기 라구 소스 **파스타**

Day 51

소고기 라구 소스와 귀 모양의 작은 파스타 '오레키에테'를 넣어 만든 파스타입니다. 롱 파스타도 좋지만, 작은 크기의 숏 파스타로 만들면 아기들이 스스로 잘 떠 먹을 수 있어요. 면만 삶아 두고, 만들어 둔 소고기 라구 소스와 버무리면 간단하게 완성할 수 있답니다.

재료 및 분량

- 오레키에테 60g
- 소고기 라구 소스 200g
- 채수 30~50ml

1 끓는 물에 오레키에테를 넣고 포장지에 적힌 시간보다 1~2분 더 삶는다.

2 중불로 달군 팬에 소고기 라구 소스와 삶은 파스타를 넣고 볶는다.

3 채수를 넣어 소스가 파스타에 잘 버무려지도록 볶은 후 완성한다.

TIP

- 파스타는 포장지 표기 시간보다 1~2분 더 삶아 아기에게 맞는 부드러운 식감으로 준비하세요.
- 채수가 없다면 파스타 삶은 물을 약간 넣어 볶아도 됩니다.

어니언 애플 소스 시금치 요거트 카레

Day 52

시금치, 우유, 아기 카레 가루를 넣어 만든 초록빛의 시금치 요거트 카레입니다. 시금치와 어니언 애플 소스, 우유가 들어가 부드럽게 먹을 수 있고, 요거트의 상큼한 맛까지 더해져 아기가 더 잘 먹는 카레예요.

재료 및 분량

- 시금치 100g
- 어니언 애플 소스 30g
- 우유 150ml
- 채수 100ml
- 아기 카레 가루 30g
- 밥 120g
- 아기 플레인 요거트 30ml

1 시금치는 뿌리 부분을 제거한 뒤 깨끗한 물에 씻는다.

2 깨끗이 씻은 시금치를 끓는 물에 1분 정도 데친다.

3 데친 시금치와 채수를 믹서에 넣고 곱게 간다.

4 냄비에 간 시금치, 어니언 애플 소스, 우유, 아기 카레 가루를 넣고 잘 섞는다.

5 중약불에서 걸쭉해질 때까지 끓인다.

6 밥 위에 시금치 카레를 올리고, 플레인 요거트를 얹어 완성한다.

TIP

- 시금치 카레에 여러 채소를 작은 큐브 모양으로 잘라 넣으면 씹히는 맛과 은은한 단맛이 더해져 새로운 풍미를 느낄 수 있어요.

불고기 소보로 소스 비빔국수

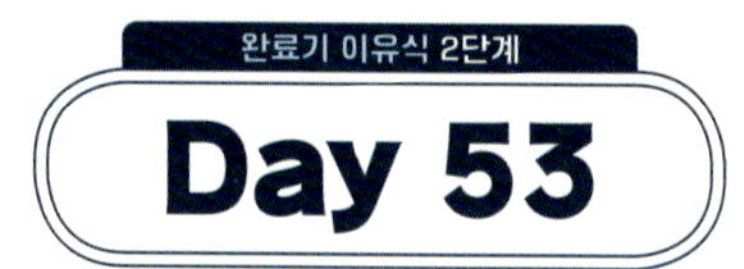

아기들은 국수를 정말 좋아해요. 불고기 소보로 소스와 밥새우 김뿌림 소스를 곁들이고, 고명으로 오이를 올리면 아기용 비빔국수가 완성됩니다. 참기름을 약간 뿌리면 고소한 향이 더해져 더 맛있어요.

재료 및 분량

- 소면 70g
- 불고기 소보로 소스 70g
- 오이 20g
- 밥새우 김뿌림 소스 4g
- 김가루 약간
- 참기름 약간

1 오이는 껍질을 벗겨 깨끗이 씻은 후 0.3cm 두께로 얇게 채 썬다.

2 끓는 물에 채 썬 오이를 넣고 30초 정도 데친다.

3 끓는 물에 소면을 넣어 4~5분 삶은 후 찬물에 헹궈 물기를 뺀다.

4 국수에 불고기 소보로 소스를 전자레인지에 데워서 넣고 버무린 뒤, 밥새우 김뿌림 소스·참기름·오이·김가루를 올려 완성한다.

TIP

- 애호박, 당근 등 다른 채소를 채 썰어 팬에 볶아 곁들이면 또 다른 맛의 아기용 비빔국수를 만들 수 있어요.

불고기 소보로 소스 한입 주먹밥

Day 54

밥에 미리 만들어 둔 불고기 소보로 소스와 밥새우 김뿌림 소스만 넣으면 후다닥 만들 수 있는 아기 주먹밥이에요. 동글동글하게 한입 크기로 빚어 줘도 좋고, 예쁜 모양 틀에 넣어 만들어도 좋아요. 빠르게 만들 수 있는 메뉴 중 하나랍니다.

재료 및 분량

- 밥 150g
- 불고기 소보로 소스 50g
- 밥새우 김뿌림 소스 15g
- 참기름 약간

1 볼에 밥을 담고 밥새우 김뿌림 소스 10g, 불고기 소보로 소스, 참기름을 넣어 고루 섞는다.

2 한입 크기로 동그랗게 빚어 주먹밥을 만든다.

3 주먹밥을 밥새우 김뿌림 소스(5g)에 콕 찍어 완성한다.

TIP

- 여러 가지 다진 채소나 스크램블드에그를 밥에 넣어 빚어 보세요. 채소를 함께 먹일 수 있고, 더 다양한 맛을 즐길 수 있답니다.

소고기 라구 소스 밥전

Day 55

밥, 소고기 라구 소스, 달걀, 오트밀 가루를 넣어 고소한 맛이 나는 메뉴예요. 아기가 입맛 없어 할 때 만들어 주면 잘 먹고, 외출할 때 아기 밥을 준비해 나가야 하는 상황에도 간편해서 좋아요.

재료 및 분량

- 밥 100g
- 소고기 라구 소스 50g
- 달걀 1개
- 오트밀 가루10g
- 현미유 약간

1 볼에 모든 재료를 넣고 고루 섞는다.

2 재료가 서로 엉길 수 있도록 1분 정도 그대로 둔다.

3 팬에 현미유를 두른 후 한입 크기로 노릇하게 구워 완성한다.

TIP

- 반죽한 후 1~2분 정도 두면 오트밀 가루가 재료들을 잘 엉겨 붙게 해 모양 잡기가 편해요. 바로 구우면 흐르는 느낌이 들 수 있으니 잠시 두었다가 구워 주세요.

어니언 애플 소스 장조림

Day 56

압력솥에 닭 안심과 채소를 넣고 15분 만에 만드는 장조림입니다. 여러 가지 채소와 어니언 애플 소스, 배즙이 닭 안심에 배어 깊은 맛을 냅니다. 닭 안심 채소 장조림은 반찬으로 활용해도 좋고, 주먹밥이나 국수 요리에 넣어도 잘 어울려요.

재료 및 분량

- 닭 안심 200g
- 양파 100g
- 당근 100g
- 어니언 애플 소스 30g
- 배즙 50ml
- 채수 50ml

1 양파와 당근은 한입 크기로 일정하게 썬다.

2 볼에 어니언 애플 소스, 배즙, 채수를 섞는다.

3 압력솥에 양파와 당근을 깔고, 그 위에 닭 안심과 섞어 놓은 재료를 넣는다.

4 센 불에서 압력솥 추가 흔들리면 3분, 약불로 줄여 10분 정도 끓인 후 김을 뺀다. 수분이 많을 경우에는 뚜껑을 열고 국물이 자작해질 때까지 졸인다.

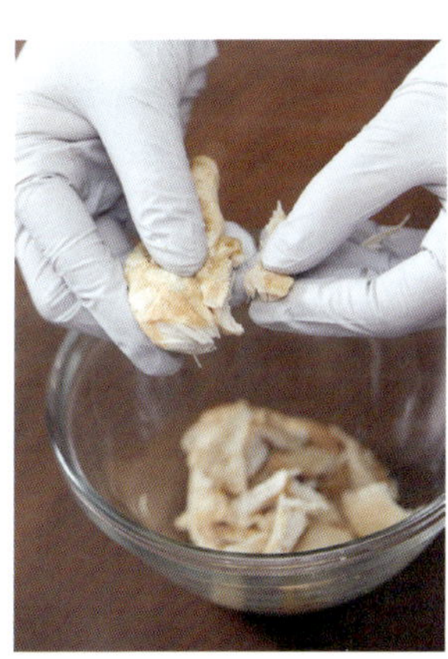

5 닭 안심 채소 장조림을 식힌 뒤 먹기 좋은 크기로 찢어서 완성한다.

TIP

- 압력솥이 없을 경우 냄비에 모든 재료를 넣고 약불에서 뭉근히 끓여 주세요. 센 불이 아닌 약불에서 천천히 끓이면 부드럽고 맛있는 장조림이 완성됩니다.

memo

memo